Rüdiger Vaas

EINFACH HAWKING!

GENIALE GEDANKEN
SCHWERELOS VERSTÄNDLICH

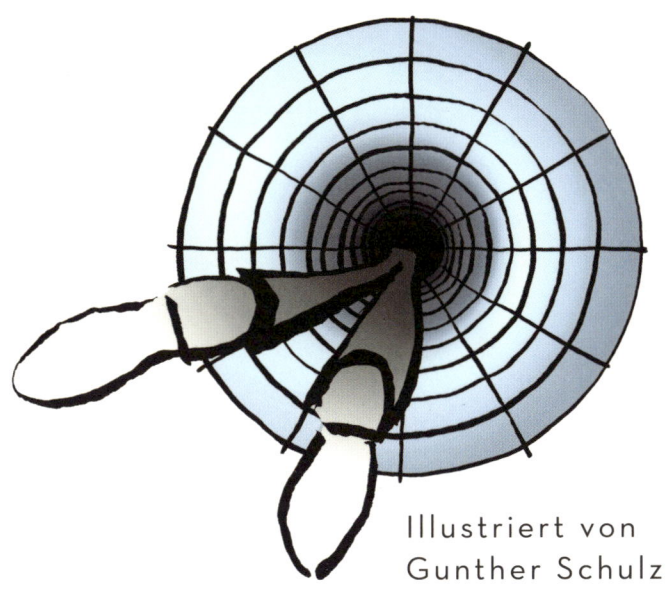

Illustriert von
Gunther Schulz

KOSMOS

W0197450

Inhalt

STEPHEN HAWKINGS WELT

„Mein Ziel ist einfach: das vollständige Verständnis des Universums – warum es ist, wie es ist, und warum es überhaupt existiert."

Stephen Hawking, der berühmteste Wissenschaftler der Gegenwart, hat die ganz großen Fragen nie gescheut. Er gehört allerdings auch zu den wenigen, die dazu beitragen, den Antworten näher zu kommen. Tatsächlich hat er sogar den einen oder anderen Schlüssel zu einem tieferen Verständnis der Natur entdeckt (wie auch die Titelillustration dieses Buches symbolisieren soll).

In Fachkreisen fanden seine Forschungen schon Ende der 1960er-Jahre Beachtung und sorgten Mitte der 1970er für Aufregung. Seit seinem Weltbestseller *Eine kurze Geschichte der Zeit* von 1988 ist er auch einem Millionenpublikum bekannt; mehrere weitere populärwissenschaftliche Bücher setzen diesen Erfolg bis heute fort.

Das alles ist angesichts seines tragischen Schicksals eine kaum zu ermessende Leistung. Denn bereits kurz nach Hawkings 21. Geburtstag im Jahr 1963 prophezeiten ihm die Ärzte eine Lebenserwartung von nur noch wenigen Jahren. Sie hatten Amyotrophe Lateralsklerose (ALS) diagnostiziert. Bei dieser schrecklichen Erkrankung sterben nach und nach die muskulären Nervenzellen, was zur vollständigen Lähmung führt. Trotzdem konnte Hawking sein Studium sowie eine Promotion abschließen und Spitzenforschung vollbringen. 1979 wurde er, längst an den Rollstuhl gefesselt, sogar auf den renommierten Lucasischen Lehrstuhl der University of Cambridge berufen, den vor 300 Jahren Isaac Newton inne hatte.

Aufgrund eines Luftröhrenschnitts kann sich Hawking seit 1985 nur noch mithilfe eines Sprachcomputers verständigen. Er bedient ihn buchstäblich mit seinem letzten Zucken, indem er mit noch möglichen absichtlichen Bewegungen der rechten Wange mühsam Buchstabe für Buchstabe in das Programm eingibt – bestenfalls zwei bis drei Wörter pro Minute.

Mit diesem tragischen Schicksal passt Hawking perfekt zum Klischee des im regungslosen Körper gefangenen genialen Geistes, der die Grenzen der Erkenntnis zu sprengen trachtet. Denn seine Forschungen handeln von den abstraktesten, entlegensten und kompliziertesten Themen: Schwarzen Löchern, Urknall, Zeitreisen, Relativitätstheorie, Quantenphysik und der Suche nach einer Weltformel, die alle Teilchen und Kräfte erklärt. Kein Wunder, dass er zum Medienstar wurde! Hawking selbst sieht es ähnlich:

„Ich bin sicher, dass meine Behinderung eine Rolle spielt, warum ich so bekannt bin. Die Menschen sind fasziniert von dem Kontrast zwischen meinen sehr eingeschränkten physischen Kräften und der gewaltigen Natur des Universums, mit der ich mich beschäftige. Ich bin der Archetypus des behinderten Genies. Doch ob ich ein Genie bin, kann bezweifelt werden."

Die Kombination von kosmologischer Größe und gravierender Krankheit hat aus Hawking sogar eine Art Filmheld werden lassen. 2004 erschien ein TV-Spielfilm über seine Jugend bis zur Dissertation, 2014 sogar ein Kinofilm, für den der Hawking-Darsteller Eddie Redmayne einen Oscar bekam; bereits 1991 lief im Kino eine Dokumentation über Hawkings Forschungen mit vielen Interviews seiner

Weggefährten. Hinzu kommen mehrere Wissenschaftsfilme von, mit und über Hawking im Fernsehen.

Hawking ist auch ein Teil der Popkultur geworden: Er hatte Gastauftritte in den TV-Serien *Raumschiff Enterprise – Das nächste Jahrhundert* und *The Big Bang Theory* sowie als Zeichentrickfigur bei den Simpsons und in der Science-Fiction-Serie *Futurama*; seine Computerstimme kommt im Song *Keep Talking* von Pink Floyd vor; und es gibt Hawking sogar als Lego-Figur.

„Der Nachteil am Berühmtsein besteht darin, dass man nirgendwo mehr unerkannt bleibt. Perücke und Sonnenbrille reichen bei mir nun einmal nicht aus, denn der Rollstuhl verrät mich sofort."

Dass er mit über 71 Jahren eine Autobiografie veröffentlichen würde, hätte sich Hawking zum Zeitpunkt der ALS-Diagnose niemals träumen lassen. Doch nach wie vor stellt er mit jedem Tag einen neuen erstaunlichen medizinischen Rekord auf – was sicherlich nicht nur seinem Überlebenswillen, seinem Humor und der guten medizinischen Versorgung zu verdanken ist.

„Meine Behinderung hat meine wissenschaftliche Arbeit nicht wesentlich beeinträchtigt. Tatsächlich war sie in mancherlei Hinsicht eher von Vorteil: Ich brauchte keine Vorlesungen zu halten und keine Studienanfänger zu unterrichten, und ich musste nicht an langweiligen und zeitraubenden Institutssitzungen teilnehmen. Auf diese Weise konnte ich mich uneingeschränkt meiner Forschung hingeben."

Ende Oktober 2009 wurde Hawking emeritiert. Er war 30 Jahre im Amt, was bei seinem Antritt keiner gedacht hatte. Und im Januar 2017 feiert er seinen 75. Geburtstag. Von Ruhestand kann freilich keine Rede sein. Hawking hat eine große Familie (drei Kinder und drei Enkel; mit seiner Tochter Lucy schrieb er bereits fünf Kinderbücher). Er hält Vorträge, wenn sein Gesundheitszustand es erlaubt. Er tritt im Fernsehen und Radio auf. 2010 nahm er eine Gastprofessur am Perimeter-Institut für Theoretische Physik in Kanada an. Vor allem aber forscht er mit seinen Kollegen weiter und veröffentlichte in den letzten Jahren mehrere umfangreiche Beiträge zu diffizilen Fragen der Kosmologie und zu den nach wie vor mysteriösen Schwarzen Löchern.

„Stets meinen Geist anzustrengen hat mir genauso dabei geholfen weiterzuleben wie mein Sinn für Humor."

„Anderen Menschen mit Behinderungen würde ich raten: Lasst eure körperliche Behinderung nicht euren Geist behindern."

„Obwohl wir Menschen physischen Einschränkungen unterworfen sind, können unsere Gedanken frei und ungebunden das Universum erforschen."

Dieses Buch

… berichtet von Hawkings Lebenswerk und seinen aktuellen Forschungen – teilweise sogar von Erkenntnissen, die Hawking in seinen populären Darstellungen noch überhaupt nicht beschrieben hat. All dies soll möglichst voraussetzungslos und auch etwas augenzwinkernd geschehen. (Wer sich für mehr Details interessiert oder für eine Einordnung der Erkenntnisse, die Diskussion an den aktuellen Forschungsfronten sowie ganz andere Ansätze, wird in den anderen Büchern des Autors fündig – oder gleich in Hawkings eigenen Publikationen.) Im Mittelpunkt stehen Hawkings wissenschaftliche Erkenntnisse und Spekulationen, seine Irrtümer eingeschlossen. Viele

Arbeiten hat er nicht allein verfasst – ohne Mitstreiter und Kollegen geht es nicht in der Wissenschaft, und kritische Konkurrenz belebt auch das Geschäft. Trotzdem sind es oft die kreativen Ideen, die Hartnäckigkeit und die Intelligenz einzelner, die etwas entscheidend voran bringen. Auch davon zeugt Hawkings Arbeit.

Auf den folgenden Seiten geht es zunächst um den Aufbau und die Entwicklung unseres Universums (ab Seite 12). Der Weltraum dehnt sich seit nunmehr 13,8 Milliarden Jahren aus, was auf ein ungeheuerliches Ereignis in der Vergangenheit – oder sogar am Beginn der Zeit – hindeutet: den Urknall. Noch immer flutet das Nachleuchten dieses Feuerball-Stadiums durch den Weltraum (ab Seite 34). Wie Hawking und seine Kollegen bewiesen haben, müssen an der seltsamen Urknall-Singularität die bekannten Naturgesetze zusammenbrechen (ab Seite 20). Doch Hawking wollte dieses große Fragezeichen des Weltanfangs nicht so stehen lassen: Eine bessere Theorie sollte es erklären können. Tatsächlich fand er einen Lösungsweg, um den Schleier dieses großen Geheimnisses zu lüften (ab Seite 26). Damit stellen sich allerdings tiefgründige philosophische Fragen zur Zeit, Nichts und Unendlichkeit. Vielleicht ist die Zeit erst mit dem Urknall entstanden. Oder dieser war gar nicht der Anfang von Allem, sondern ein Übergang von einem fremden Universum mit umgekehrter Zeitrichtung, das aus unserer Perspektive kollabierte (ab Seite 32). Auch die Unterscheidung von Vergangenheit, Gegenwart und Zukunft ist nicht selbstverständlich, und so diskutiert Hawking die bizarre Möglichkeit von Zeitreisen (ab Seite 101), einer imaginären Zeit (ab Seite 28) und einer Rückwärtszeit in ferner Zukunft (ab Seite 32). In Schwarzen Löchern hingegen, jenen ominösen Weltall-Schlünden im unvorstellbaren Bann der Schwerkraft, scheint nicht nur alles auf Nimmerwiedersehen zu verschwinden, sondern auch die Zeit zu enden (ab Seite 46). Doch womöglich existieren exotische Tunnel in der Raumzeit, schillernde Pforten zu anderen Universen oder gar brisante Schleifen in die Vergangenheit, die das Gefüge von Ursache und Wirkung zu erschüttern drohen (ab Seite 97). Auch Hawkings Entdeckung, dass Schwarze Löcher gar nicht völlig schwarz sind, sondern sich langfristig auflösen müssen (ab Seite 66), sorgt womöglich für Ungemach: Falls Schwarze Löcher nämlich physikalische Informationen unwiderruflich vernichten, könnten kurioserweise plötzlich pinkfarbene Ameisenbären im Backofen entstehen und eine wilde Polka tanzen (ab Seite 76). Zuletzt – oder zuallererst – stellt sich die Frage nach der Wahrheit wissenschaftlicher Aussagen, nach einer Erklärung von Allem sowie nach der Natur der Wirklichkeit und darüber hinaus, also auch nach einem göttlichen Schöpfer und dem Sinn der Welt (ab Seite 115).

„Warum gibt es etwas und nicht einfach nichts? Warum existieren wir? Warum dieses besondere System von Gesetzen und nicht irgendein anderes?"

Hawking führt allerdings keineswegs eine völlig vergeistigte oder weltabgewandte Existenz. Ganz im Gegenteil: Er reist viel, besucht wissenschaftliche Konferenzen und ist manchmal Gastredner auf großen Veranstaltungen. Auch sorgt er sich sehr um die Zukunft der Menschheit und versucht, sie mit seinen bescheidenen Mitteln mitzugestalten. Aber er weiß auch, das kleine Erdenleben zu genießen. Seine Lebenseinstellung hatte er 2010 so zusammengefasst:

„Dies sind die wichtigsten Ratschläge, die ich meinen Kindern auf den Weg gegeben habe: Erstens, vergesst nicht, empor zu den Sternen zu blicken, anstatt hinab auf eure Füße. Zweitens, gebt niemals auf mit eurer Arbeit, denn sie schenkt euch Sinn, ohne den das Leben leer ist. Drittens, wenn ihr glücklich genug seid, Liebe zu finden, dann denkt daran, dass dies selten ist, und werft sie nicht weg."

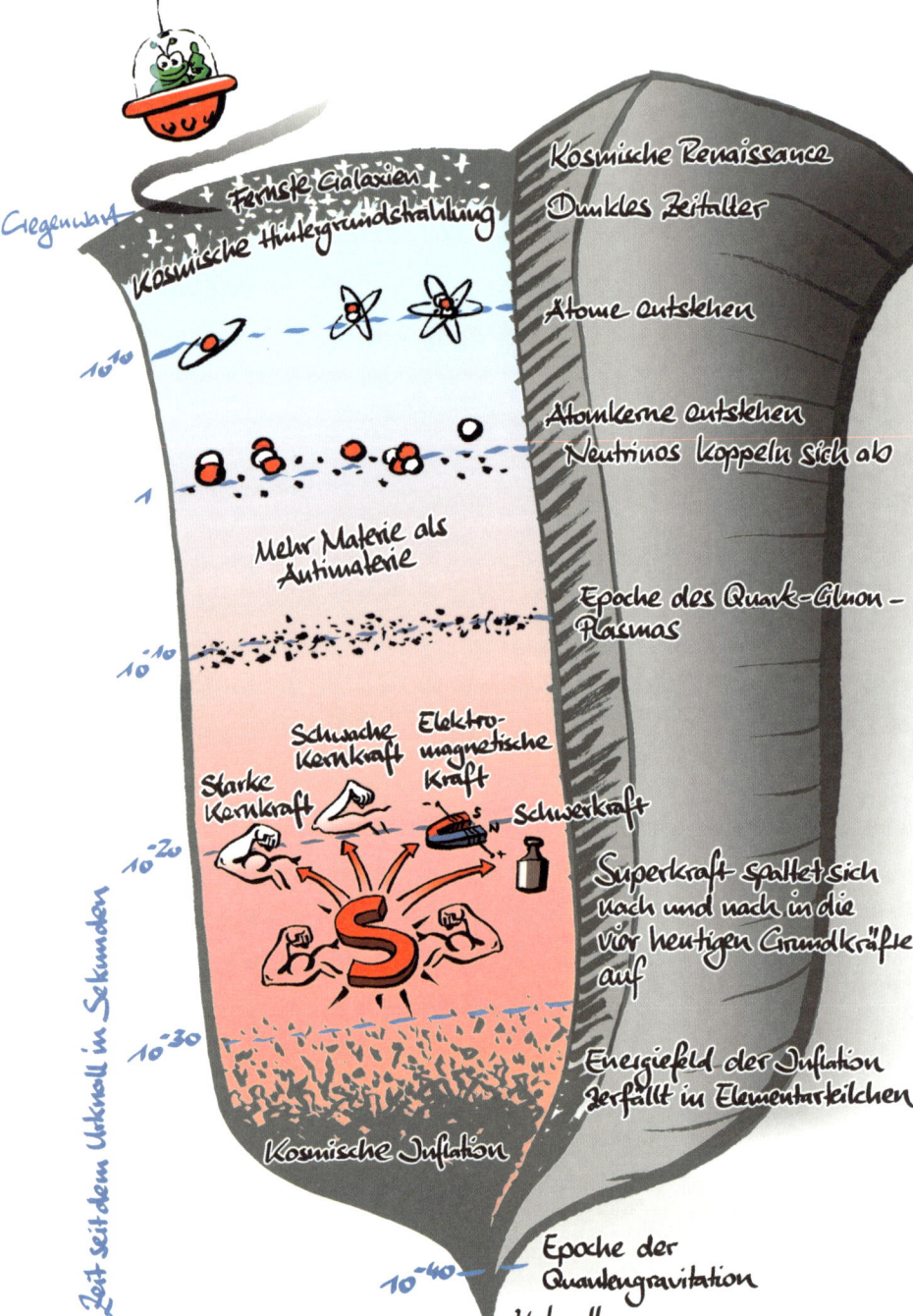

DAS RÄTSEL DES URKNALLS

„Wir sehen uns in einer befremdlichen Welt leben. Wir möchten verstehen, was wir um uns herum wahrnehmen, und fragen: Wie ist das Universum beschaffen? Welchen Platz nehmen wir in ihm ein, woher kommen und wohin gehen wir? Warum ist es so und nicht anders?"

Das Universum ist alles, was wir kennen – und noch viel mehr. Es ist unvorstellbar groß, größer noch, als sich selbst mit den besten Teleskopen der Astronomen beobachten lässt. Vielleicht sogar unendlich, niemand weiß das. Doch das Universum existiert nicht ewig. Es hat einen Anfang. Alles in ihm hat einen Anfang. Jeder Stern, jeder Planet, jedes Atom. Die ganze sichtbare – und unsichtbare – Welt entwickelte sich aus einem superheißen und extrem dichten Zustand heraus. Als Frucht aus Zufall und Notwendigkeit. Nach Gesetzmäßigkeiten, die Wissenschaftler zum größten Teil bereits entdeckt haben. Und die sie über atemberaubende Größenordnungen verstehen können – von weniger als 0,000000000000001 Millimeter bis zu mehr als 100.000.000.000.000.000.000.000 Kilometer.

Worüber sollte man eigentlich mehr staunen: über die gigantische Reichweite physikalischer Erklärungen? Oder über die noch unergründlichen Tiefen der Materie und des Weltraums? Oder über die denkerische Kühnheit, Kraft und Brillanz von Forschern wie Stephen Hawking?

Der Anfang des Alls

Bei seiner Entstehung vor 13,8 Milliarden Jahren war das ganze Universum unvorstellbar klein, kleiner als ein Atomkern. Das klingt nach einer haltlosen Behauptung, ist aber eine bestens begründete wissenschaftliche Tatsache. Sterne und Galaxien gab es damals noch nicht, auch keine Atome – und schon gar keine kühnen Forscher wie Stephen Hawking, die über all das nachsinnen …

Als „Urknall" wird der äußerst heiße und extrem dichte Anfangszustand unseres Universums bezeichnet. Kurz darauf herrschte ein wildes Durcheinander von Partikeln und Strahlung. Nach dem Urknall sind die Elementarteilchen entstanden und in den ersten 15 Minuten die leichten Elemente Wasserstoff und Helium. Sie machen bis heute 99 Prozent der bekannten Materie im All aus. Die restlichen Elemente wie Kohlenstoff, Sauerstoff und Stickstoff haben sich erst viel später im Inneren der Sterne und bei deren Explosionen gebildet. Diese Ereignisse sind sehr genau bekannt und durch Beobachtungen

Kosmische Verhältnisse, nicht maßstabsgerecht.
Die Erde ist bloß ein Sandkörnchen im All.

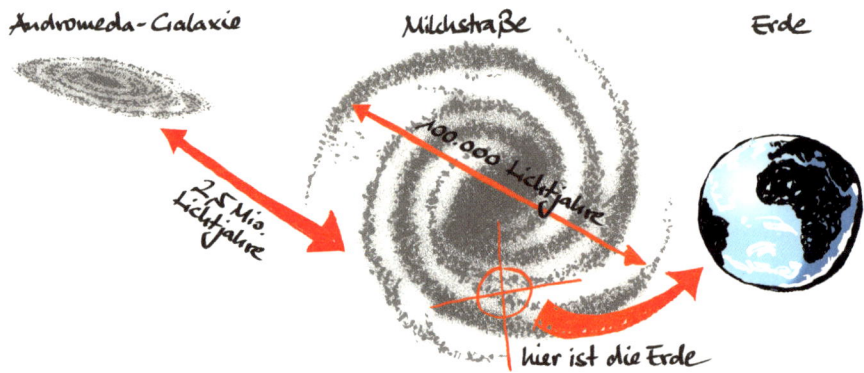

bestätigt. Das gilt auch für Prozesse, die in der ersten Milliardstel Sekunde stattfanden: Mit riesigen Teilchenbeschleunigern können sie von Forschern sogar nachgeahmt und im Detail erforscht werden.

Die ersten Momente unseres Universums sind also kein undurchdringliches Geheimnis mehr. Physiker und Kosmologen wissen sehr genau, was damals geschah. Ein großes Rätsel aber bleibt: Wie kam es zum Urknall? Ist er der Anfang von Allem? Oder ein unbekannter Übergang, und was war dann davor?

Kleine Abweichungen mit großen Folgen

In der Verteilung der „Urmaterie" gab es winzige Unregelmäßigkeiten. Unter dem Einfluss der Schwerkraft sind daraus mit der Zeit Verdichtungen und Leerräume entstanden. Die Gravitation hat also die großräumigen kosmischen Strukturen geschaffen. So entstanden im noch jungen Universum, rund 100 Millionen Jahre nach dem Urknall, aus riesigen Gaswolken die ersten Sterne. Bald waren sie „ausgebrannt" und explodierten. Aus ihren Trümmern und der vielen anderen Materie bildeten sich dann neue Sterne; und das geschieht auch heute noch. Die Gas- und Staubwolken im Universum enthalten Rohstoff für weitere Billionen Jahre der Sternentstehung.

Sterne sind nicht zufällig im Raum verteilt. Unter dem Einfluss der Schwerkraft versammeln sie sich in Haufen und in Galaxien. Große Galaxien können über 100 Milliarden Sterne enthalten. Das ist ungefähr so viel wie Sandkörnchen an allen Stränden der Erde oder wie die Zahl der Zellen im menschlichen Gehirn oder die Anzahl aller Menschen, die jemals gelebt haben. 100 Milliarden ist auch die Zahl der Galaxien im heute bekannten Universum. Eine davon ist die Milchstraße. In dieser majestätischen großen Spirale befindet sich im äußeren Drittel unser Stern: die Sonne. Von ihrem dritten Planeten

Die Verteilung der Materie im Universum sieht heute wie ein gigantisches Schaumbad aus.

aus spähen Astronomen ins All und versuchen, dieses riesige Durcheinander zu verstehen – eine wahrhaft himmlische Aufgabe.

Ein Lichtjahr ist übrigens keine leuchtende Zeit, sondern eine Entfernungseinheit. Das Licht schafft in nur einer Sekunde die Strecke von rund 300.000 Kilometern. Von der Sonne bis zur Erde benötigt es etwas mehr als acht Minuten. Ein Lichtjahr entspricht also der Distanz, die das Licht in einem Jahr zurücklegt: 9,5 Billionen Kilometer. Das ist der 63.000-fache Abstand der Erde von der Sonne. Der nächste Stern, Proxima Centauri, ist 4,2 Lichtjahre von der Sonne entfernt, die Milchstraße misst 100.000 Lichtjahre. Unsere Nachbarmilchstraße, die Andromeda-Galaxie, hat eine Distanz von 2,5 Millionen Lichtjahren. Dieses Nebelfleckchen im Sternbild Andromeda ist das fernste Objekt, das sich in klaren Nächten noch mit bloßem Auge erkennen lässt – sein Licht war 2,5 Millionen Jahre lang zu uns unterwegs.

Die Galaxien bilden noch größere Strukturen: Gruppen, Haufen und sogar Superhaufen aus Zehntausenden dieser Sterneninseln. Als Ganzes ähnelt die Materieverteilung im Universum dem Seifenschaum im Spülbecken: Der Schaum entspricht den Superhaufen aus Abertausenden Galaxienhaufen, das luftige Blaseninnere den kosmischen Leerräumen dazwischen. Und die Leerräume werden immer größer, wie astronomische Messungen zeigen. Das beobachtbare Universum hat einen Halbmesser von rund 46 Milliarden Lichtjahren.

Das ist eine wahrhaft weltbewegende Entdeckung: Der Weltraum wächst! Vom „Schwung" des Urknalls vor 13,8 Milliarden Jahren angetrieben, dehnt er sich ununterbrochen aus. Nur dadurch konnte sich die Materie überhaupt verdünnen, abkühlen und allmählich zu Sternen und Planeten verdichten. Tatsächlich zeigt schon ein nächtlicher Blick aus dem Fenster – jedenfalls für Kosmologen –, dass wir in einem expandierenden und nicht ewig alten Weltraum leben. Das Licht ferner Sterne wird nämlich durch die Expansion „auseinandergezogen", sodass wir es nicht mehr sehen können. Aus diesem Grund, und weil es nicht überall Sterne gibt beziehungsweise ihr Licht noch keine Zeit hatte, die Erde zu erreichen, ist es nachts nicht taghell.

Das Wachstum des Weltraums

Raum ist nicht „nichts". Er ist nicht starr und unveränderlich, sondern flexibel, beeinflussbar und dynamisch. Diese Tatsache gehört zu den unglaublichsten Entdeckungen. Sie lässt sich jedoch nur schwer veranschaulichen, weil sie im Alltag keine Rolle spielt. Dennoch war das Großhirn genial genug – zumindest bei einigen Wissenschaftlern –, um auf diese Idee zu kommen, sie mathematisch auszuarbeiten ... und schließlich sogar physikalisch zu bestätigen!

„Wir leben in einem seltsamen und wunderbaren Universum. Um es in seinem Alter, seiner Größe, seiner Kraftentfaltung und seiner Schönheit zu würdigen, bedarf es einer außerordentlichen Vorstellungskraft."

Albert Einstein hat 1915 mit seiner Allgemeinen Relativitätstheorie beschrieben, wie sich der Raum krümmt, wenn Materie oder Energie anwesend sind. Außerdem erkannte er, dass Raum und Zeit nicht die Bühne sind, auf der alles stattfindet. Vielmehr bilden sie eine Einheit. Sie spielen als sogenanntes Raumzeit-Kontinuum eine aktive Rolle im kosmischen Drama. Diese Einsicht war revolutionär. In den darauffolgenden Jahren begriffen Einstein und andere Forscher zudem, dass der Weltraum nicht statisch, stabil und bewegungslos ist, sondern sich als Ganzes ausdehnen (oder zusammenziehen) muss.

Das war eine unerwartete Schlussfolgerung. Kaum jemand hatte sie ernst genommen, nicht einmal Einstein selbst. Aber kurz darauf entdeckten Astronomen starke Indizien dafür. Vor allem die Messungen von Edwin Hubble ab 1929 zeigten, dass sich fast alle Galaxien von der Milchstraße wegbewegen. Und zwar umso schneller, je weiter entfernt sie sind. Das bedeutet aber nicht, dass die Milchstraße der Mittelpunkt einer gewaltigen Explosion ist, von dem aus alles davonfliegt. Es ist vielmehr ein klarer Beleg dafür, dass sich der gesamte beobachtbare Weltraum ausdehnt. Der Raum selbst wächst und treibt Galaxien auseinander. Das ist wie bei einem aufgehenden Hefekuchenteig im Backofen, in dem sich die Abstände seiner Rosinen vergrößern.

Das Universum als Luftballon

Mit etwas Fantasie kann sich jeder eine Modellvorstellung des expandierenden Universums machen: Man nehme feinen Zucker, streue ihn auf einen Luftballon und blase diesen auf. Die Zuckerkörnchen versinnbildlichen die Galaxienhaufen und die Ballon-Oberfläche den Weltraum. Die Ausdehnung der Gummihaut entspricht dann der Ausdehnung des Weltalls. Dabei entfernen sich die Zuckerkörnchen voneinander. Zwar erscheint es aus der Perspektive eines Körnchens so, als wäre es im Zentrum einer imaginären Detonation, und alle Partikel ringsum würden davongesprengt. Doch das ist eine optische Täuschung, denn derselbe Eindruck ergibt sich auch vom Blickwinkel jedes anderen Zuckerstäubchens. Auf der Ballonhaut existiert gar kein Mittelpunkt – alles entfernt sich von allem, genau wie im Universum.

Der Weltraum dehnt sich aus und die Galaxien entfernen sich voneinander – ähnlich wie Punkte auf der Oberfläche eines Luftballons, der aufgeblasen wird. Dabei verdünnt sich die Materie.

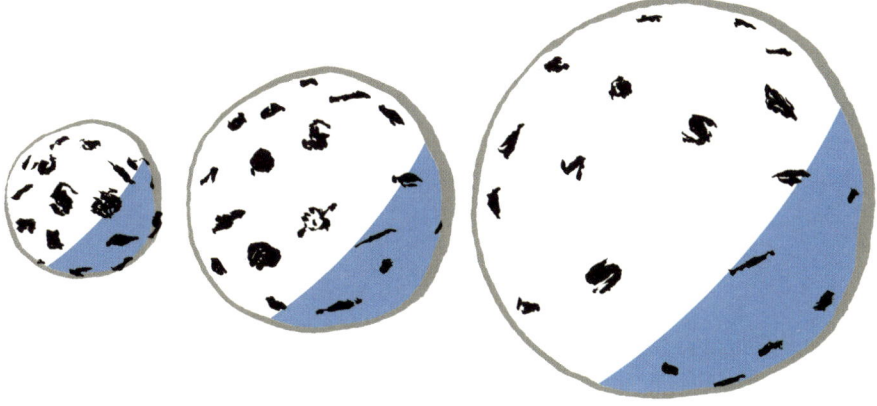

Freilich hinkt dieser Vergleich in mehrfacher Hinsicht: Der Luftballon bildet eine glatte Fläche, der Weltraum besitzt jedoch drei Dimensionen. Ein zweidimensionaler, sozusagen „platter" Käfer auf der Ballonhaut würde, wenn er geradeaus krabbelt, nie an ein Ende kommen, sondern wieder zurück an seinen Ausgangspunkt. Ob der Weltraum so in sich zurückgekrümmt ist, dass er sich theoretisch innerlich umkreisen ließe, weiß niemand – vielleicht ist er unendlich groß.

Die Luft wird von außen in den Ballon gepustet, das All hingegen erhält keine Energie oder sonst irgendetwas von seiner Umgebung, sondern es dehnt sich von selbst aus. Der Luftballon wird jedoch in einem Zimmer oder im Freien aufgeblasen. Der Weltraum expandiert im Gegensatz dazu nicht in einen anderen Raum hinein, sondern er wächst „innerlich" – eine Vorstellung, die den Alltagsverstand notgedrungen überstrapaziert. Dieser Volumenzuwachs vollzieht sich in den riesigen Leerräumen zwischen den Galaxienhaufen. Innerhalb der Galaxien, die von der Gravitation ihrer Sterne und Gasmassen zusammengehalten werden, findet die Expansion nicht statt. Man wird also nicht über Nacht dicker, weil sich der Weltraum ausdehnt. Das beobachtbare Universum gewinnt in jeder Sekunde das Volumen einer ganzen Galaxie!

Der Ballon besitzt außerdem einen Mittelpunkt, der sich im Inneren befindet. Für den Weltraum gilt so etwas nicht. Lässt man das Geschehen gedanklich

Leider falsch!

Der Urknall war kein Ereignis im Raum, an dem man ein Denkmal aufstellen könnte, sondern die Entstehung des Raums.

rückwärts ablaufen – oder einfach die Luft aus dem Ballon entweichen –, dann zieht sich die Gummihülle zusammen. Im Modell entspricht der Punkt, zu dem die Haut idealerweise zusammenschnurrt, dem Urknall. Er war der Anfangspunkt – und nicht etwa der Knall, der entsteht, wenn man den Ballon so stark aufbläst, dass er platzt.

Dieser Punkt ist aber nicht der eine Ausgangspunkt der Ausdehnung! Der Urknall war kein Ort, aus dem alles entsprang. Der Urknall war keine besondere Stelle im Raum, an der man ein Denkmal errichten könnte, sondern vielmehr der Ursprung des Raums. So gesehen hat der Urknall überall stattgefunden – auch vor der eigenen Nasenspitze.

Die Grenze der Vergangenheit

Hawkings wissenschaftliche Karriere setzte mit einem Paukenschlag ein. Denn seine Doktorarbeit erweiterte den Horizont der Erkenntnis – und definierte zugleich eine Grenze. Hawkings akademische Eintrittskarte erschloss nicht nur neue Einsichten, sondern führte darüber hinaus bis an den Beginn von Raum und Zeit. Er konnte beweisen, dass unser Universum im Rahmen der Allgemeinen Relativitätstheorie einen Anfang haben muss. Dann währt die Zeit also nicht ewig, sondern die Vergangenheit ist endlich.

Verfolgt man nämlich die Ausdehnung des Weltraums rechnerisch zurück – lässt also die Luft aus dem Universums-Ballon –, dann kommt man unweigerlich an einen Punkt, an dem es nicht mehr weiter geht: die mathematischen Gleichungen haben hier eine sogenannte Singularität. Energie, Temperatur, Dichte und die Krümmung des Raumes werden dort unendlich, der Raum selbst und die Zeit dagegen null. Alle bekannten Naturgesetze verlieren ihre Gültigkeit. Wissenschaftliche Aussagen sind nicht mehr möglich. Die Singularität ist schlichtweg unberechenbar.

„Die Zeit hat einen Anfang. Wenn die klassische Allgemeine Relativitätstheorie richtig ist, dann muss in der Vergangenheit tatsächlich eine Singularität existiert haben, die der Beginn der Zeit war."

Dass der Urknall eine seltsame Singularität war (oder daraus hervorging), hatten Kosmologen schon vermutet, bevor Hawking seine Forschungen begann. Doch viele Physiker wollten diesen undefinierbaren Anfang nicht akzeptieren und erhoben verschiedene Einwände: Sie führten an, dass die Singularität bloß ein Überbleibsel ungeschickt gewählter Koordinaten sei. So hat ja auch ein Globus Singu-

Die Pole auf dem Globus markieren eine „Singularität"
der Längengrade, doch diese ist nur die Eigenschaft des
Koordinatensystems.

laritäten am Nord- und Südpol, weil sich dort die Linien der Längengrade überschneiden. Doch die physikalischen Gesetze spielen da
noch lange nicht verrückt.

Außerdem, sagten die Kritiker, ließe sich nichts beliebig zusam-
menpressen – irgendwann überwiege stets der Gegendruck. Und falls
das Universum rotiert, was weder be- noch widerlegt ist, könnten die
dadurch auftretenden Kräfte eine Singularität vermeiden. Ferner hat
sich das Universum vielleicht nicht gleichmäßig ausgedehnt. Dann
würde, verfolgte man seine Entwicklung zeitlich zurück, nicht alles
in einem Punkt zusammen kommen und es könne keine Singularität
geben.

Doch keiner dieser Einwände ist stichhaltig! Unter sehr allgemein
gefassten Bedingungen lässt sich eine Urknall-Singularität tatsäch-

lich in der klassischen physikalischen Beschreibung nicht vermeiden oder aushebeln. Dies war das wohl wichtigste Ergebnis von Hawkings Doktorarbeit, die er 1966 an der Cambridge University abschloss. Und das machte ihn in Fachkreisen sogleich berühmt.

Natürlich war Hawking nicht allein. Seine Ideen bauten auf einfallsreichen Vorarbeiten von Roger Penrose auf. Mit diesem, der auch Zweitgutachter seiner Dissertation war, seinem Doktorvater Dennis Sciama und anderen Physikern baute Hawking seinen Ansatz bis 1970 noch weiter aus. Es zeigte sich, dass unter sehr unproblematischen Annahmen die verrückte Singularität unvermeidlich ist. Diese Erkenntnis ist von großer Tragweite, wie Hawking immer wieder betont hat.

„Zum Zeitpunkt einer Singularität, die wir als Urknall bezeichnen, müssten die Dichte des Universums und die Krümmung der Raumzeit unendlich gewesen sein. Unter solchen Bedingungen würden alle bekannten Naturgesetze ihre Gültigkeit verlieren. Das wäre eine Katastrophe für die Wissenschaft, denn es würde bedeuten, dass die Wissenschaft allein keine Aussage über den Anfang des Universums machen könnte. Sie könnte nur feststellen: Das Universum ist, wie es jetzt ist, weil es war, wie es damals war. Aber sie könnte nicht erklären, warum es so war, wie es damals, das heißt kurz nach dem Urknall, gewesen ist."

Die Singularitätstheoreme von Hawking & Co. bedeuten somit einen wichtigen theoretischen Durchbruch. Sie ziehen eine vorläufige Grenze der Erkenntnis. Dennoch ist diese Grenze nicht unüberwindbar, sondern für Kosmologen bis heute ein Ansporn und Sprungbrett für neue Ideen. Die große Herausforderung lautet also, einen Weg hinter die Grenze zu finden – oder um sie herum. Denn sonst bliebe der Urknall für immer unerklärlich.

1. Was ist ein Lichtjahr?

- [ ] a. Eine Zeitangabe in der Astronomie
- [ ] b. Ein Entfernungsmaß im Weltraum
- [ ] c. Eine fundamentale Naturkonstante

2. Was ist eine Singularität?

- [ ] a. Ein allein lebender Astronom
- [ ] b. Ein Pluspunkt der Allgemeinen Relativitätstheorie
- [ ] c. Ein mathematisches Objekt

3. Wie groß ist das beobachtbare Universum?

- [ ] a. 13,8 Milliarden Lichtjahre im Radius
- [ ] b. Etwa 92 Milliarden Lichtjahre im Durchmesser
- [ ] c. Unendlich

4. Mit wem forschte Hawking als Student?

- [ ] a. Albert Einstein
- [ ] b. Edwin Hubble
- [ ] c. Dennis Sciama

5. Was formulierte Hawking in seiner Doktorarbeit?

- [ ] a. Einen Lehrsatz über die Existenz von Singularitäten
- [ ] b. Die Urknall-Theorie des Universums
- [ ] c. Den Beweis für die Ausdehnung des Universums

Lösungen: 1b, 2c, 3b, 4c, 5a

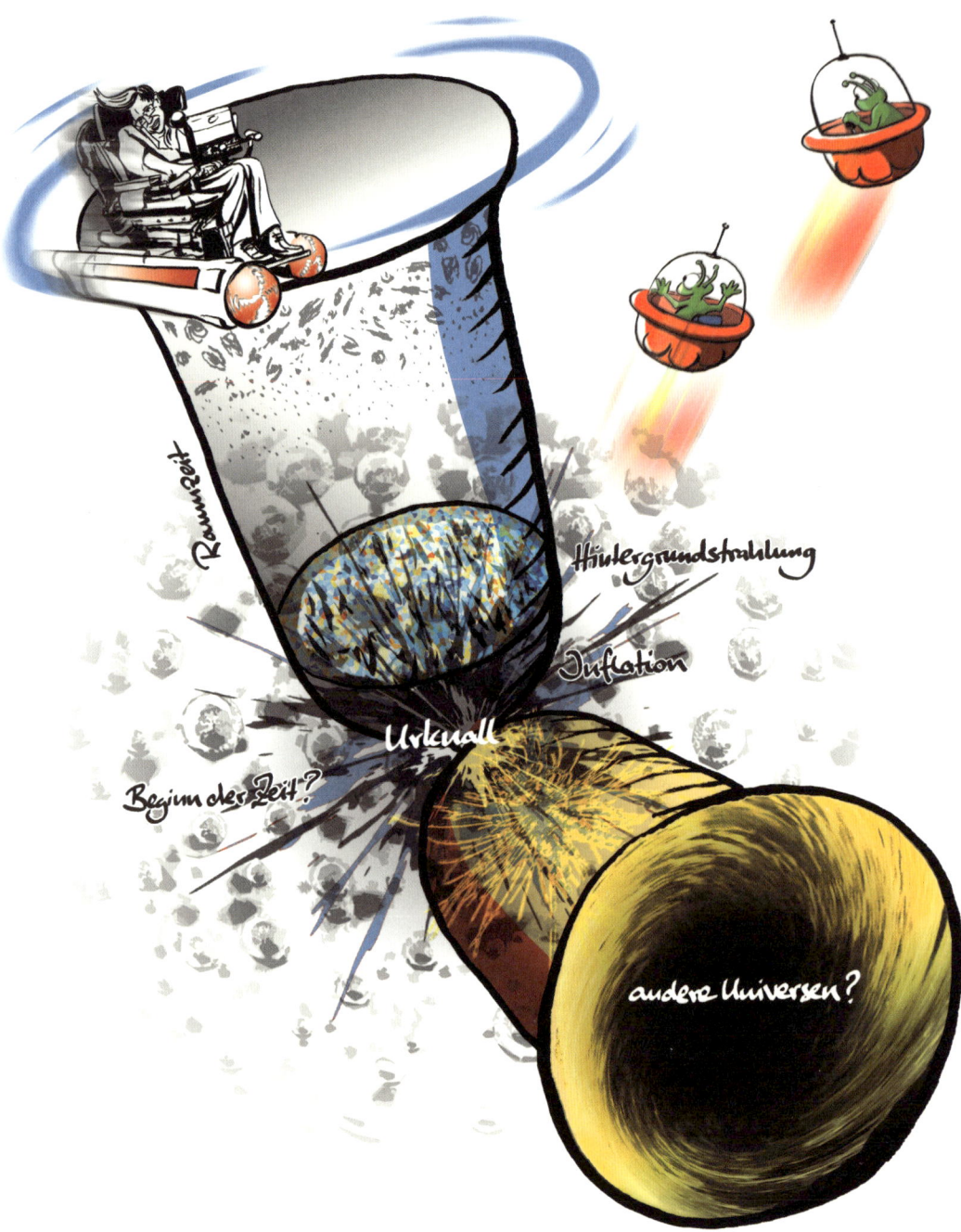

EXPEDITION INS IMAGINÄRE

 „Raum und Zeit sind in sich geschlossen, ohne Grenzen oder Ränder, so wie die Oberfläche der Erde keine Grenzen und Ränder hat. Bei all meinen Reisen ist es mir nie gelungen, über den Rand der Welt zu fallen."

Der erste Sekundenbruchteil des Universums ist ein großes Geheimnis. Doch viele Aspekte des Zustands von Materie und Energie zu dieser Zeit sind den Forschern bereits zugänglich: Mit ihren gigantischen Teilchenbeschleunigern ahmen sie diese physikalischen Extrembedingungen nach, die einst überall im Weltraum herrschten. Aber der Beginn von Allem befindet sich prinzipiell jenseits der Reichweite noch so raffinierter Experimente. Er kann, wenn überhaupt, nur durch wissenschaftliche Theorien ergründet werden, die sich natürlich irgendwie bewähren und erhärten lassen müssen. Und mit viel Glück gibt es noch heute kosmische Fossilien, die sich von kundigen Spurenlesern entziffern lassen.

Stephen Hawking und seinen Kollegen ist es gelungen, im Nachleuchten des Urknalls solche Spuren zu enträtseln – ja teilweise sogar ihre Existenz vorauszusagen, noch bevor sie überhaupt gemessen werden konnten. Doch er will mehr: Hawking möchte den Beginn der Welt verstehen – oder herausfinden, was vor dem Urknall war. Hat die Zeit wirklich einen Anfang oder entstammt selbst sie einer geheimnisvollen Ewigkeit?

Endpunkt der Physik?

Dreht man das Rad der Zeit zurück, dann müsste das gesamte Universum aus einem einzigen Punkt hervorgegangen sein. Doch durch diese „Singularität"droht der Wissenschaft eine Art Kapitulation. Hier scheitert die auf Einsteins Relativitätstheorie gegründete Physik und Kosmologie. Das sagt jedoch nichts über die wahre Natur des Weltalls aus, sondern nur über die Vorstellung der Wissenschaftler. Wenn sich diese korrigieren und erweitern ließe, wäre das eine Chance zu verstehen, wie es tatsächlich zum Urknall kam.

„Die Vorhersage von Singularitäten bedeutet, dass die klassische Allgemeine Relativitätstheorie keine vollständige Theorie ist. Da man die singulären Punkte aus der Raumzeit-Mannigfaltigkeit heraustrennen muss, kann man dort die Gleichungen nicht mehr definieren und nicht vorhersagen, was aus einer Singularität kommt."

Die entscheidenden Fragen lauten also: Ist die Urknall-Singularität „real" – eine Barriere für unsere Erkenntnis und das Ende aller Erklärungen? Oder tritt sie nur als Artefakt einer unzureichenden Theorie auf – und kann mit einer besseren eliminiert werden?

Die Krümmungssingularität des Urknalls ist kein Zustand, Objekt oder Teil der Natur, sondern allenfalls abstrakter Gegenstand einer physikalischen Theorie. Singularitäten markieren daher lediglich eine Art von Selbstaussage der Allgemeinen Relativitätstheorie über das Ende ihres Gültigkeitsbereichs. Die Theorie prognostiziert somit ihren eigenen Zusammenbruch. Das ist aber keine Katastrophe für die Forschung, sondern ein Vorteil. Denn dadurch wird die Grenze unseres Wissens bei der Relativitätstheorie offenkundig, was üblicherweise wissenschaftliche Theorien nicht leisten können.

 „Wenn die Gesetze der Physik an den Singularitäten zusammenbrechen, können sie das überall tun. Man besitzt nur dann eine wissenschaftliche Theorie, wenn die Gesetze der Physik überall gelten, auch zu Beginn des Universums."

Annahmen, Alternativen und Konsequenzen

Hawkings Beweise der Singularitäten beruhen auf drei sehr allgemeinen und plausiblen Bedingungen:

› Die Schwerkraft muss so stark sein können, dass aus einem begrenzten Gebiet nichts mehr entweicht (wie bei einem Schwarzen Loch).

› Ursachen müssen zeitlich immer vor ihren Wirkungen kommen.

› Die Schallgeschwindigkeit an einem Ort kann nicht höher sein als die Lichtgeschwindigkeit dort. Es gibt keine negative Masse oder Energiedichte.

Im Umkehrschluss heißt dies: Krümmungssingularitäten können nach Hawking „vermieden" werden, wenn mindestens eine dieser Voraussetzungen nicht erfüllt ist. Im Prinzip gibt es mehrere Möglichkeiten, die Singularitätstheoreme auszuhebeln. Und für alle wurden bereits faszinierende Modelle entwickelt:

› Der „Anfang" von Allem war in Wirklichkeit eine Zeitschleife, eine kreisförmige Zeit. Oder die Zeit wechselte beim Urknall die Richtung – was immer das auch heißt.

› Unsere Vorstellungen von Energie und Materie sind nicht vollständig, sodass sich das Universum in eine unendliche Vergangenheit erstrecken kann oder der Urknall aus einem irgendwie zeitlosen Zustand herausquoll.

› Die Relativitätstheorie gilt beim Urknall nicht, weil zum Beispiel die Zeit nicht mehr kontinuierlich ist, sondern nur noch in einzelnen Takten „voranschreitet" – oder aber sich sogar auflöst.

Ein Universum ohne Grenzen

Zuerst hatte Hawking mit seinen Singularitätsbeweisen den kosmologischen Erklärungen eine Art Stoppschild aufgestellt. Später aber machte er sich daran, diese Stoppstelle der Physik ohne Verwarnung zu überfahren. Im Jahr 1981 hatte er eine Idee, die er die „Keine-Grenze-Bedingung des Universums" nannte und mit James Hartle ausarbeitete. Im Prinzip sollte sich damit der physikalische Zustand des Universums berechnen lassen – und zwar ohne dass die Gleichungen eine Singularität enthalten und dort zusammenbrechen!

Dieses schwierige Problem hat Hawking gelöst. Ob seine Lösung physikalisch sinnvoll und überzeugend ist, diskutieren die Kosmologen. Ob Hawkings Idee das Universum angemessen beschreibt, ist ungeklärt. Ihr Gütesiegel besteht im Beweis, dass die Urknall-Singularität nicht das letzte Wort zu sein braucht.

Kosmologen veranschaulichen das expandierende Universum gerne mit einer Art Trichter, dessen Größenzunahme nach oben die Ausdehnung des Alls symbolisiert. Unten, an der engsten Stelle, ist er abgeschnitten. Diese Kante, der Rand, versinnbildlicht die Singularität. Man kann sich den Trichter auch auf einen Punkt spitz zulaufend denken, dann steht dieser für die Singularität. Hawkings Keine-Grenze-Bedingung besagt, dass das

Schwere Kost, auch für Hawking.

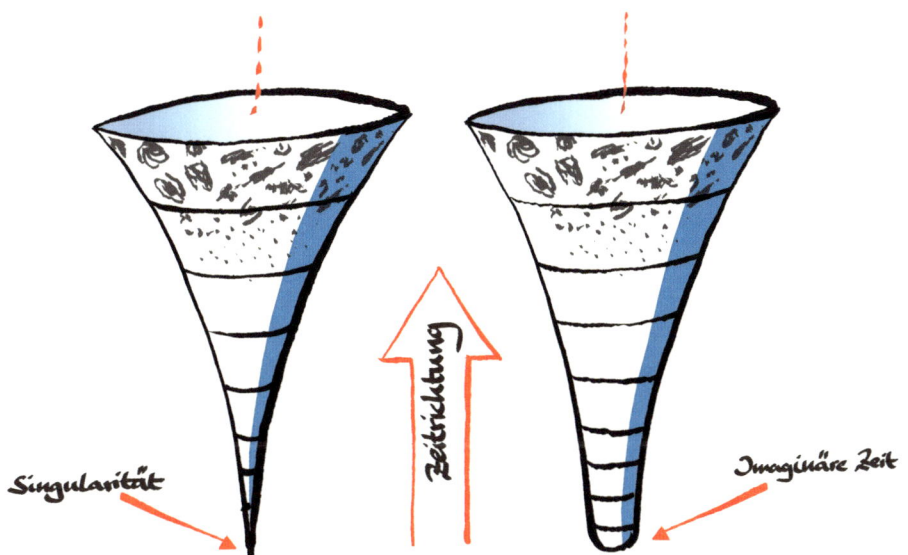

Das Universum hat im Rahmen der Allgemeinen Relativitätstheorie eine ominöse Urknall-Singularität (links). Das haben Hawking und seine Kollegen bewiesen. Später gelang es ihm, dieses mathematische Artefakt durch ein sogenanntes Instanton mit imaginärer Zeit zu ersetzen.

Universum ohne Rand beziehungsweise Grenze oder Singularität ist. Stattdessen wird der harte Rand oder die dornige Punktspitze abgerundet, das heißt wie bei einem Federball durch eine Halbkugel ersetzt. Der Clou dabei: Diese Halbkugel, im physikalischen Jargon gesprochen ein sogenanntes Instanton, hat vier Raumdimensionen.

 „Die Randbedingung des Universums ist, dass es keinen Rand hat."

Hawkings mathematischer Trick besteht also darin, die Dimension der Zeit zu verräumlichen. Er nennt das die imaginäre Zeit. Was für Laien fast wie Magie wirkt, basiert auf handfester und gar nicht umstrittener Mathematik. Imaginäre Zahlen haben sich in der etablierten Physik bereits bewährt, besonders in der Quantentheorie. Mit der imaginären Zeit verschwindet – rein rechnerisch – die Singularität. Das Instanton besitzt also keinen Rand, keine Grenze in Raum und Zeit. Deshalb ist es sinnlos zu fragen, was dahinter kommt. Genauso unsinnig wie die Frage, was südlich des Südpols liegt. Und so, wie die Naturgesetze am Südpol in Kraft sind, sollte das auch beim Urknall der Fall gewesen sein. Hawkings Instanton-Modell vermeidet also die leidige Frage, was vor dem Urknall war.

„Zeit ist definiert durch das Intervall zwischen Ereignissen. Es gibt keinen externen Maßstab der Zeit, bei dem das Universum plötzlich mit dem Urknall begann. Daher hat die Frage, was eine Minute vor dem Urknall geschah, keinen Sinn. Die Zeit war nicht definiert."

Woher kommt die Zeit?

Hawkings Vorschlag für ein Universum ohne Grenzen war ein Durchbruch und wurde von vielen Forschern aufgegriffen. Aber er hatte auch so manche Schwächen.

Eine große Schwierigkeit ist die Interpretation der imaginären Zeit und der Übergang von ihr zur gewöhnlichen Zeit. Die vierdimensionale Raum-Halbkugel des Instantons lässt sich mathematisch nahtlos an den Raumzeit-Trichter des expandierenden Universums anfügen. Doch was bedeutet diese Beschreibung für die Realität? Wie entsprang die Zeit aus der Zeitlosigkeit?

Universum
in reeller Zeit

Universum
in imaginärer Zeit

Endknall
Urknall

Ein Universum mit Singularitäten beim Urknall und einem „Endknall" ist mit dem Schnittpunkt von Längengraden an den Polen der Erde vergleichbar. Doch in Wirklichkeit können die Naturgesetze nicht verrückt spielen. Daher suchen Kosmologen nach singularitätsfreien Modellen. Hawking hat ein solches vorgeschlagen. Es beruht auf der Einführung einer imaginären Zeit, die gleichsam senkrecht zur vertrauten reellen Zeit steht und ähnlich wie die Breitengrade auf dem Globus keine Singularität besitzt.

Das ist bis heute unbeantwortet. Und vielleicht sogar die falsche Frage. Unabhängig vom konkreten Modell bleibt nämlich unklar, was ein „Anfang der Zeit" eigentlich meinen soll. Denn die Zeit begann nicht, ähnlich wie ein Konzert anfängt, mit einem Zeitpunkt Null – es gäbe ja kein Vorher und somit auch keinen Vorgang des Beginnens. Zu ergründen, was vor dem Urknall war, wäre demnach unsinnig – genau wie die Frage nach der Mutter eines Vereins, obwohl jedes einzelne Vereinsmitglied eine Mutter hat. Bestimmte Fragen erübrigen sich somit – ähnlich wie die, seit wann jemand Schach spielt, wenn er die Regeln gar nie gelernt hat. Wie oder warum es zum Urknall beziehungsweise zum ersten Moment kam, das möchte man gleichwohl wissen – und in der Analogie mit der Vereinsgründung ist eine solche Fragestellung ja auch sinnvoll und beantwortbar.

Außerdem stellte sich ein viel konkreteres Problem: Die astronomischen Messungen passen nicht mehr zu Hawkings ursprünglichem Modell. Zwar formulierte er zusammen mit Neil Turok 1997 ein weiteres – allerdings nicht besonders realistisches – Modell, das ebenfalls eine mathematische Instanton-Lösung mit imaginärer Zeit besitzt. Aber auch das war bald durch neue Daten überholt.

Die Brücke zur Gegenzeit

Hawking gab nicht auf. Seit 2007 hat er zusammen mit James Hartle und Thomas Hertog ein neues Instanton-Modell zur Erklärung des Urknalls entwickelt. Hier stellt das Instanton eine Art „Brücke" zwischen einem in sich zusammenstürzenden Vorgänger-Universum und unserem expandierenden Weltraum dar. Demnach wäre der Urknall kein absoluter Anfang, sondern ein Übergang. Dies wird in der Kosmologie „Bounce" genannt – was sich im Deutschen mit „Rückprall", „Umschwung" oder sogar „Urschwung" wiedergeben lässt. Wichtig dabei: Der Bounce durchläuft keine Singularität.

Wenn der Urknall tatsächlich ein Bounce war, dann stellt sich die Frage: Was geschah zuvor? Wahrscheinlich lässt sich das niemals herausfinden. Doch vielleicht existieren im All noch Spuren des Vorgänger-Universums (eingraviert etwa im sogenannten Gravitationswellenhintergrund oder in der Kosmischen Hintergrundstrahlung des ersten Lichts). Modelle anderer Kosmologen, die den Urknall ebenfalls als Übergang beschreiben, haben dies schon früher vorausgesagt.

Hawking und seine Kollegen sind jedoch skeptisch, was solche kosmischen Fossilien betrifft. Zum einen ist es schwierig, die Natur der Instanton-Beschreibung zu interpretieren, da das Instanton nur die imaginäre Zeit hat. Außerdem wäre ein aus unendlicher Vergangenheit kollabierendes Universum so rätselhaft wie eines mit einem absoluten Anfang, denn letztlich wäre seine Herkunft genauso unerklärlich.

Allerdings stießen Hawking & Co. beim Lösen ihrer Gleichungen und bei den Näherungsrechnungen im Computer auf eine Überraschung: Die Zeitrichtung des Vorläufer-Universums scheint der in unserem Universum entgegengesetzt zu sein. Ereignisse auf der einen Seite hätten somit keine Auswirkung auf die andere. Das ist, als würde eine Sanduhr gleichzeitig in beide Richtungen laufen.

In ihren Veröffentlichungen schreiben Hawking, Hartle und Hertog, dass der Urknall mit einer gewissen Wahrscheinlichkeit ein Bounce war. Ob dabei zwei zeitlich entgegengesetzte Universen miteinander kollidierten oder das Vorläufer-Universum seine Zeitrichtung wechselte

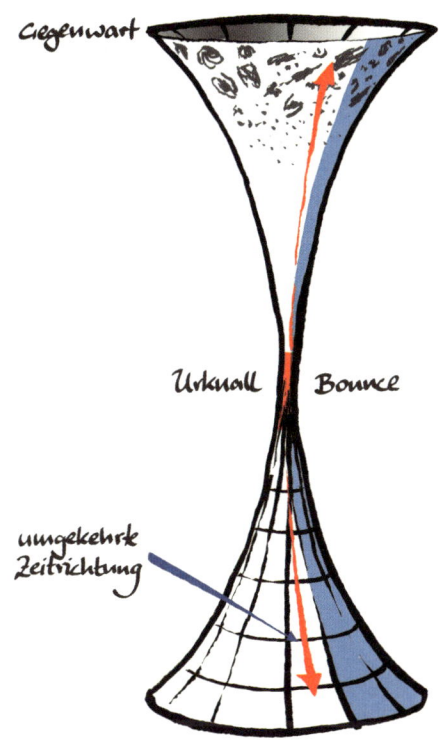

In Hawkings neuestem kosmologischen Modell ist das Instanton des Urknalls ein Übergang von einem kollabierenden Vorläufer-Universum zum expandierenden Universum heute. Vor dem „Urschwung" (Bounce) könnte die Zeit kurioserweise die entgegengesetzte Richtung besessen haben.

und zu unserem wurde, lässt sich schwer sagen. Vielleicht sprangen ja beide Universen aus der Zeitlosigkeit ins Dasein und entwickelten sich voneinander weg. Das neue Weltmodell wirft also noch viele fundamentale Fragen auf. Und die hängen wesentlich davon ab, was Zeit überhaupt ist.

„Unsere Chancen, Nachrichten von Wesen auf der anderen Seite des Bounce zu empfangen, sind nicht größer als die, eine Botschaft zurück in die Zeit zu schicken, um dadurch Ereignisse zu verhindern, die später unerquickliche Folgen haben."

Das erste Licht

100.000 Jahre nach dem Urknall war jede Stelle im Weltraum noch immer heißer als die Sonnenoberfläche. Erst als die Temperatur unter 4000 Grad fiel, konnten die herumflitzenden Elektronen von den Atomkernen eingefangen werden. So bildeten sich die ersten Atome. Zugleich wurde das Universum durchsichtig, das Licht hatte jetzt freie Bahn. Zuvor war es ständig von der Materie gestreut, verschluckt und wieder ausgestrahlt worden – wie jetzt noch im Inneren der Sterne, in denen es über 100.000 Jahre braucht, bis es vom Zentrum an die Oberfläche gelangt.

Dieses allererste Licht durchflutet als Kosmische Hintergrundstrahlung bis heute den Weltraum: Etwa 440 Photonen („Lichtteilchen") befinden sich gegenwärtig in jedem Kubikzentimeter. Sie wurden rund 380.000 Jahre nach dem Urknall freigesetzt. Inzwischen haben sie nur noch die Energie von Mikrowellen, also von kurzwelliger Radiostrahlung. Doch man kann damit keine Suppe aufwärmen. Denn heute ist diese Strahlung minus 270 Grad Celsius kalt.

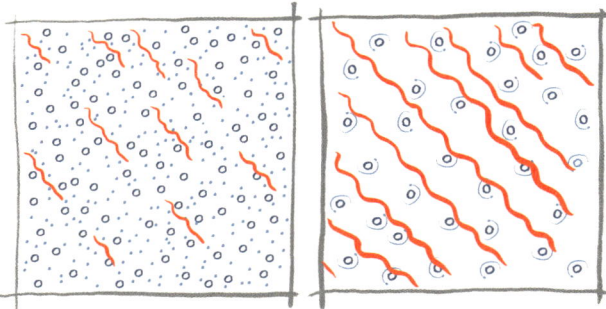

Das Universum wurde durchsichtig, also für Strahlung durchlässig, nachdem es sich so weit abgekühlt hatte, dass die Atomkerne die freien Elektronen einfangen und so Atome bilden konnten.

Das also ist die Temperatur des Weltraums! (Viel kälter geht es kaum noch, denn bei minus 273 Grad, dem Absoluten Nullpunkt, ist Schluss.) Die Hintergrundstrahlung trägt übrigens zu dem charakteristischen Rauschen der Fernsehbildschirme bei – oder tat es jedenfalls, als es noch Antennenempfang und einen Sendeschluss gab.

„Ich hatte schon immer ein klares Ziel: Ich will herausfinden, wie das Universum funktioniert und warum es überhaupt existiert. Zum Glück gibt es überall Hinweise. Der wichtigste befindet sich direkt über unseren Köpfen."

Der Kosmische Mikrowellen-Hintergrund zählt neben dem Nachweis des expandierenden Weltraums und den Erkenntnissen der Teilchenphysik zu den wichtigsten Indizien für den Urknall. Tatsächlich hatten Wissenschaftler, die die Urknall-Theorie vertraten, die Existenz der Hintergrundstrahlung schon vorausgesagt, bevor sie 1964 erstmals gemessen wurde. Der Himmel verkündet also selbst, wie er entstanden ist.

Und es kommt noch besser: In diesem Nachhall vom Urknall sind schemenhafte Nachrichten verborgen. Die Hintergrundstrahlung ist nämlich nicht exakt gleichförmig, sondern enthält winzige, nur wenige Hunderttausendstel Grad messende Temperaturschwankungen. Sie bilden ein scheinbar langweiliges Fleckenmuster, das die Forscher geradezu elektrisiert. Denn diese Flecken spiegeln Unregelmäßigkeiten in der Urmaterie wider. Wo es in der Hintergrundstrahlung wärmer ist, gab es einst etwas mehr von dem heißen Plasma. Aus diesen Verdichtungen sind im Lauf der Jahrmilliarden die großräumigen Strukturen im All entstanden. Die Hintergrundstrahlung liefert gewissermaßen ein Babyfoto des jungen Universums – und Temperaturunterschiede bilden die Keimzellen der späteren Galaxien und Galaxienhaufen ab.

Das Verteilungsmuster der Temperaturschwankungen gleicht einem kosmischen Fingerabdruck. Und die Kosmologen sind Detektive, die damit einen Steckbrief unseres Universums erstellen können. Anhand des Musters lassen sich die fundamentalen Kenngrößen des Alls errechnen: sein Alter, seine Dichte, seine Zusammensetzung, seine Ausdehnungsrate und so weiter.

Diese Informationen sind äußerst wichtig, um kosmologische Hypothesen zu formulieren und zu testen. Auch Hawking und seine Kollegen mischen in diesem Wettstreit der konkurrierenden Weltmodelle munter mit. Noch sind nicht alle subtilen Details der Hintergrundstrahlung bekannt. Die Forscher versuchen daher, aus ihren Ideen Voraussagen abzuleiten, die künftige Messungen überprüfen können. Das ist eine äußerst knifflige Angelegenheit, doch manche der Modelle ließen sich auf diese Weise bereits widerlegen. Hawkings neues Instanton-Modell hingegen ist noch gut im Rennen.

Die flache Welt

Obwohl die Urknall-Theorie inzwischen exzellent bestätigt ist, lässt sie doch viele Fragen und Probleme offen. So bleibt unklar, was den Urknall überhaupt auslöste, woher die Elementarteilchen kamen und wodurch der Weltraum groß wurde. Eigentlich handelt die Urknall-Theorie gar nicht vom Urknall selbst, sondern von seinen Folgen.

Und es gibt noch weitere Schwierigkeiten, die bereits in den 1960er- und 1970er-Jahren offenkundig wurden. So hat Hawking 1973 auf die außerordentlich unwahrscheinliche „Flachheit" des Weltraums hingewiesen: also die Tatsache, dass dieser auf großen Maßstäben gar nicht oder fast nicht gekrümmt ist. Wäre er beispielsweise positiv „verbogen", wie die Oberfläche eines Ballons, könnte man das durchaus messen. In der Schulmathematik haben Dreiecke eine Winkelsumme von 180 Grad – auf einem flachen Stück Papier. Dreiecke auf einer Kugel hingegen, etwa auf dem Globus mit einer Ecke am Nordpol sowie zweien am Äquator, besitzen eine größere Winkelsumme. Die Erdoberfläche ist insgesamt eben nicht flach, sondern gekrümmt,

Die Krümmung des Weltraums hängt von der Materie- und Energiedichte in ihm ab. Entsprechend unterschiedlich fallen die Winkelsummen großer Dreiecke aus. Messungen haben gezeigt, dass das beobachtbare Universum ganz oder nahezu ungekrümmt ist. Das ist überraschend und erfordert eine Erklärung.

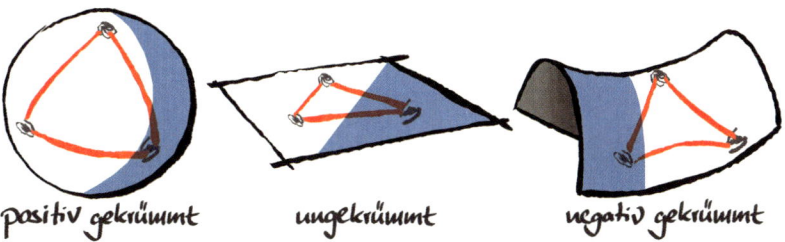

positiv gekrümmt   ungekrümmt   negativ gekrümmt

auch wenn man das beim kurzen Sonntagsspaziergang oder auf dem Parkett eines Ballsaals normalerweise nicht bemerkt. Im Weltall lässt sich die Winkelsumme von gigantischen Dreiecken im Prinzip ebenfalls bestimmen: Sie beträgt 180 Grad (bei einer Messungenauigkeit von weniger als ein Prozent). Das ist erstaunlich, denn ohne besondere Annahmen ist diese „Flachheit" äußerst unwahrscheinlich. (Kleinste Abweichungen von einem flachen Raum direkt nach dem Urknall hätten sich durch die Ausdehnung des Alls rasch verstärkt; daher war die Flachheit entweder eine eigenartige Anfangsbedingung oder wurde durch einen unbekannten Mechanismus erzeugt.)

Hawking hat die Flachheit sehr verwundert. In einem Fachartikel mit Barry Collins betonte er allerdings, dass es in einem stark gekrümmten Universum gar keine Sterne gäbe – und mithin keine Menschen, die sich wundern könnten. Denn dann hätte sich der Weltraum entweder so schnell ausgedehnt, dass die Materie rasch völlig verdünnt worden wäre, oder er wäre alsbald wieder in sich zusammengestürzt und hätte sich in einem Endknall selbst verschlungen.

„Angenommen, es gibt eine unendliche Zahl von Universen mit allen möglichen unterschiedlichen Anfangsbedingungen. Nur in Universen, die sich schnell genug ausdehnen, sodass sie nicht kollabieren, können sich Galaxien entwickeln. Diese Teilmenge von Universen ist im Allgemeinen gleichförmig. Weil die Existenz von Galaxien eine notwendige Voraussetzung für intelligentes Leben ist, lautet die Antwort auf die Frage ‚Warum ist das Universum isotrop?' einfach ‚Weil wir hier sind'."

Ein weiteres und verwandtes Problem ist die Frage, warum das Weltall im Großen und Ganzen und in allen Richtungen so gleichförmig aussieht. Alle diese Schwierigkeiten lassen sich mit einem überraschenden Schlag lösen: durch das Szenario der Kosmischen Inflation.

Wie das Universum groß geworden ist

Diese Inflation des Weltraums (von lateinisch „inflare" für „aufblähen") hat nichts mit der Geldentwertung zu tun, wie sie durch politisches und ökonomisches Versagen zustande kommt. Im Gegenteil: Die Natur soll damit alles aus fast nichts erzeugt haben – und das quasi kostenlos (also ohne den Satz von der Erhaltung der Energie zu verletzen). Durch die Kosmische Inflation hat sich der Weltraum in einem Sekundenbruchteil gigantisch aufgebläht. Wie lange diese rasante Ausdehnung währte, ist unklar und von Modell zu Modell verschieden. (Ein populärer Wert: In der irrsinnig kurzen Zeitspanne von 10^{-30} Sekunden expandierte das junge All um das 10^{30}-Fache – das ist so, als würde sich eine 10-Cent-Münze auf das Zehnmillionenfache der Milchstraße vergrößern.) Fest steht, dass die Inflation mindestens 50 Verdopplungen des Weltraum-Volumens bewirkte, denn sonst hätte das All heute nicht die Eigenschaften, die astronomische Beobachtungen zeigen: beispielsweise die großräumige Gleichförmigkeit seiner Materieverteilung und die „flache" Geometrie.

Obwohl die Inflation auf den ersten Blick gleich zwei Naturgesetze zu verletzen scheint, ist das nicht der Fall. Erstens: Das Prinzip von der Erhaltung der Energie verbietet die Entstehung von Energie (oder Masse) aus dem Nichts. Doch es gibt eine Art Schlupfloch in Form von sogenannter negativer Energie. Dazu gehört die Energie des Gravitationsfelds. Die negative Energie der Schwerkraft und die positive Energie der Strahlung und Materie gleichen sich gerade aus, die Gesamtenergie bleibt also erhalten. Und zweitens: Gemäß der Relativitätstheorie kann sich nichts schneller als mit Lichtgeschwindigkeit bewegen. Aber dies gilt nur für gewöhnliche Teilchen im Raum. Bei der Inflation war es jedoch der Raum selbst, der sich überlichtschnell ausdehnte. Und das lässt sich mit der Relativitätstheorie nicht nur vereinbaren, sondern sogar erklären.

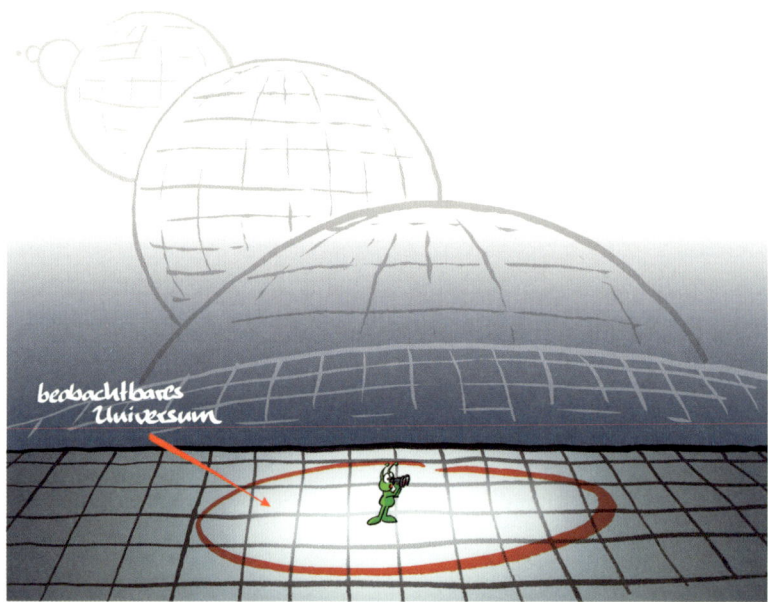

Dem Modell der Kosmischen Inflation zufolge gab es im ersten Sekundenbruchteil nach dem Urknall eine Phase rasanter Aufblähung. Dadurch soll das Universum schlagartig groß geworden sein. Heute erscheint der Weltraum lokal „flach", auch wenn er global gekrümmt wäre.

Die Kosmische Inflation hat den beobachtbaren Weltraum nicht nur groß gemacht, sondern auch gleichförmig und ungekrümmt. Das ist ähnlich wie bei einem zusammengeknüllten und verknitterten T-Shirt aus der Waschmaschine: Zieht man es rasch auseinander, wird es wieder groß und flach und die Falten verschwinden.

Das Größte aus dem Kleinsten

Die ersten Modelle der Kosmischen Inflation wurden ab 1979 formuliert. Hawking hat dies gleich aufmerksam verfolgt und sich rasch an den Forschungen beteiligt. 1982 veröffentlichte er wichtige Beiträge; einen mit seinem Studenten Ian Moss. Und er untersuchte, wie sich kleine Störungen in der Energieverteilung des sehr jungen Universums entwickelt haben könnten. Das war der Beginn eines neuen Forschungszweigs, der die Mikro- mit der Makrowelt verbindet. Winzige Quantenfluktuationen – gemäß der Quantenphysik unvermeidliche Schwankungen von Energie und Materie, die überall sind – wären durch die Inflation später zu gewaltigen Dichtevariationen im Urgas aufgeblasen worden. Und ihr „Abdruck" ist es, der sich als geringfügige Temperaturunterschiede in der Kosmischen Hintergrundstrahlung abzeichnen müsste. Das Allergrößte – die Superhaufen von Galaxien – ist also aus dem Allerkleinsten hervorgegangen, aus mikroskopischen Quanteneffekten.

Diese Überlegungen erschienen zunächst noch unausgegoren. Aber in einem von Hawking mitorganisierten dreiwöchigen Workshop in Cambridge haben er und seine Kollegen Mitte 1982 die Details ausgearbeitet. Das war eine der einflussreichsten Konferenzen in der Geschichte der Kosmologie überhaupt. Und tatsächlich hat der Satellit COBE (Cosmic Background Explorer) ein Jahrzehnt später die ersten Anzeichen dieser Temperaturschwankungen gemessen. Für diese Entdeckung gab es 2006 einen Physik-Nobelpreis, für die Voraussagen allerdings nicht. Inzwischen sind die Temperaturmuster sehr genau kartiert – ein Triumph der Wissenschaft!

Die Geburt der Materie

Was genau die Inflation antrieb und stoppte, ist bis heute unklar. Der Einfachheit halber wird ein physikalischer Grundzustand namens „falsches Vakuum" angenommen. In ihm regierte mindestens ein Energiefeld: das Inflaton. Dann zerfiel dieses spontan – das „echte

Vakuum" entstand, also ein neuer Zustand, in dem sich unser Universum seitdem befindet. Das klingt exotischer als es ist. Denn ähnliche Phasenübergänge gab es nachweislich auch später noch, und sie sind in der Elementarteilchenphysik recht gut verstanden.

Ob das Inflaton oder ein vergleichbarer Mechanismus wirklich existierte, ist allerdings ungeklärt. Immerhin scheint sich die Inflation in Hawkings jüngstem Weltmodell „natürlich" zu ergeben. Die Berechnungen zeigen, dass die Wahrscheinlichkeit einer hinreichend langen kosmischen Aufblähung im neuen Instanton-Modell sehr groß ist.

Die Inflation hat unsere Welt aber nicht nur groß gemacht, also den Spielraum für alles Weitere geschaffen, sondern sie lieferte sozusagen auch das Spielzeug frei Haus: Am Ende der Inflation verwandelte sich die Energie des berstenden Inflatonfelds beim Übergang vom „falschen" ins „echte" Vakuum in eine Kaskade von Elementarteilchen. Das war die Geburt der Materie.

„Mit der Inflationstheorie ließe sich auch erklären, warum das Universum so viel Materie enthält. In der Region des Universums, die wir beobachten können, gibt es etwa zehn Millionen Millionen Millionen Millionen Millionen Millionen Millionen Millionen Millionen Millionen Millionen Millionen Millionen Millionen (eine 1 mit 85 Nullen) Teilchen."

Ewige Inflation und Multiversum

So betrachtet ist die Inflation nicht ein Teil des Urknall-Modells, sondern der Urknall ist ein Teil des Szenarios der Kosmischen Inflation. Und es wird noch radikaler: Die Inflation hat wahrscheinlich nicht überall im Kosmos gleichzeitig aufgehört, sondern an unterschiedlichen Orten zu unterschiedlichen Zeiten. Dann gab es nicht nur einen – unseren – Urknall, in dem Materie entstand, sondern unge-

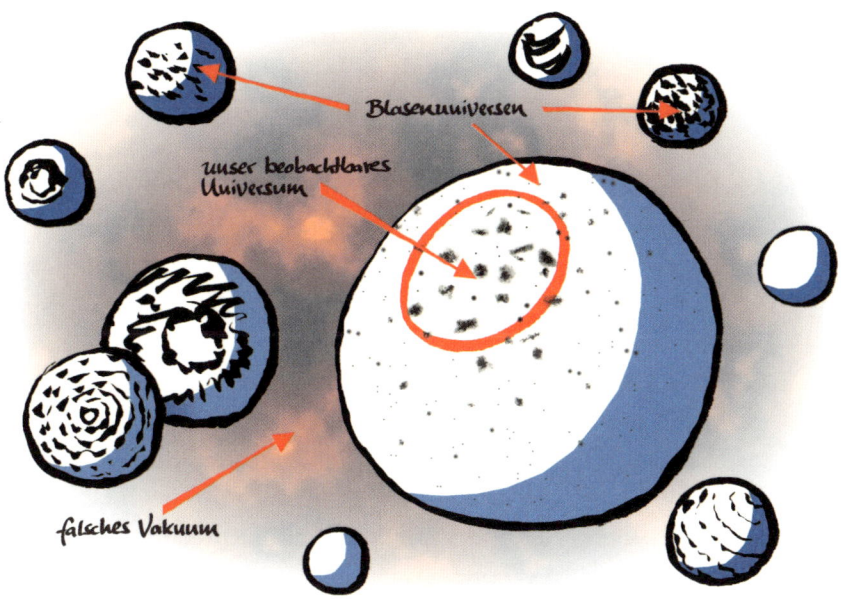

Labels in image: Blasenuniversen, unser beobachtbares Universum, falsches Vakuum

Kosmologen vermuten, dass unser Universum nur eines ist unter vielen, die aus einem falschen Vakuum hervorgingen. Die Ausdehnung der einzelnen Blasenuniversen ist sehr, sehr viel langsamer als die rasante Expansion des falschen Vakuums zwischen ihnen. Deshalb sind die Größenverhältnisse in der Zeichnung völlig unrealistisch – die Blasen sind wesentlich kleiner und weiter voneinander entfernt.

heuer viele. Jeder Urknall wäre die Bildung einer nicht länger inflationär expandierenden Raumblase – eines separaten Universums.

Dieser Vorgang ähnelt kochendem Wasser, in dem Gasbläschen hervorblubbern. Alle kosmischen Blasen wären allerdings durch unermesslich viel größere Raumbereiche getrennt, die immer noch eine Inflation durchlaufen. Wahrscheinlich hört die Inflation als Ganzes nie auf, sondern setzt sich ewig fort. Zwar entstehen früher oder später an jeder Stelle neue Blasenuniversen. Aber ihr Volumen und ihre

Ausdehnungsraten sind verschwindend gering verglichen mit der ständig weiter inflationierenden Umgebung.

Somit bestünde der Kosmos nicht aus einem einzigen Universum, sondern aus unvorstellbar vielen, zwischen denen es sehr wahrscheinlich niemals zu einem Kontakt kommen kann. Die Gesamtheit aller Universen wird Multiversum genannt.

Dieses Szenario der Ewigen Inflation hatte Hawking zunächst skeptisch beurteilt. Inzwischen konnte er sich aber nicht nur damit anfreunden, sondern hat es auch in sein eigenes Weltmodell integriert. Und er spekuliert über die kosmischen Bedingungen jenseits des Horizonts unseres beobachtbaren Universums.

Selbst die Naturgesetze und -konstanten in den einzelnen Blasen könnten ganz verschieden sein. Denkbar ist sogar, dass sich die Zahl der Dimensionen unterscheidet. Vielleicht werden alle physikalischen Bedingungen, die überhaupt möglich sind, irgendwo realisiert. Die meisten Blasenuniversen hätten vermutlich keine Sterne und Planeten. Aber wenn es alles, was möglich ist, auch wirklich gibt, dann bräuchten wir uns nicht zu wundern, dass wir in einem lebensfreundlichen Universum existieren.

„Wir sehen das Universum so, wie es ist, weil wir nicht da wären, um es zu beobachten, wenn es anders wäre."

Allerdings löst die in alle Ewigkeit anhaltende Inflation eines Multiversums keineswegs das vertrackte Problem vom Anfang der Welt. Wenn die Inflation das Dynamit hinter dem Urknall ist, dann suchen die Kosmologen noch immer nach dem Zündholz, das die Inflation in Gang brachte. Darum sind Mutmaßungen wie Hawkings Instanton-Modell nötig, selbst wenn sie sich niemals durch astronomische Messungen überprüfen ließen. Die Gedanken reichen über alles Sichtbare hinaus.

Hawking-Quiz

1. Worauf beruhen Hawkings Singularitätstheoreme?
- ☐ a. Instanton (euklidischer vierdimensionaler Raum)
- ☐ b. Kausalität (Ursache-Wirkung-Beziehung)
- ☐ c. Zeitschleifen (geschlossene zeitartige Kurven)

2. Was gehört zu Hawkings Keine-Grenze-Bedingung?
- ☐ a. Imaginäre Zeit
- ☐ b. Inflation
- ☐ c. Singularitäten

3. Wann entstand die Kosmische Hintergrundstrahlung?
- ☐ a. In der ersten Sekunde
- ☐ b. Etwa 380.000 Jahre nach dem Urknall
- ☐ c. 13,8 Milliarden Jahre nach dem Urknall

4. Was hat Hawking nicht vorausgesagt?
- ☐ a. Temperaturschwankungen in der Hintergrundstrahlung
- ☐ b. Kosmische Inflation aus dem Instanton
- ☐ c. Eine Singularität erklärt den Urknall

5. Was soll die Kosmische Inflation bewirkt haben?
- ☐ a. Die Entstehung der Zeit
- ☐ b. Die Homogenität und Flachheit des Universums
- ☐ c. Die Unterdrückung von Quantenfluktuationen

Lösungen: 1b, 2a, 3b, 4c, 5b

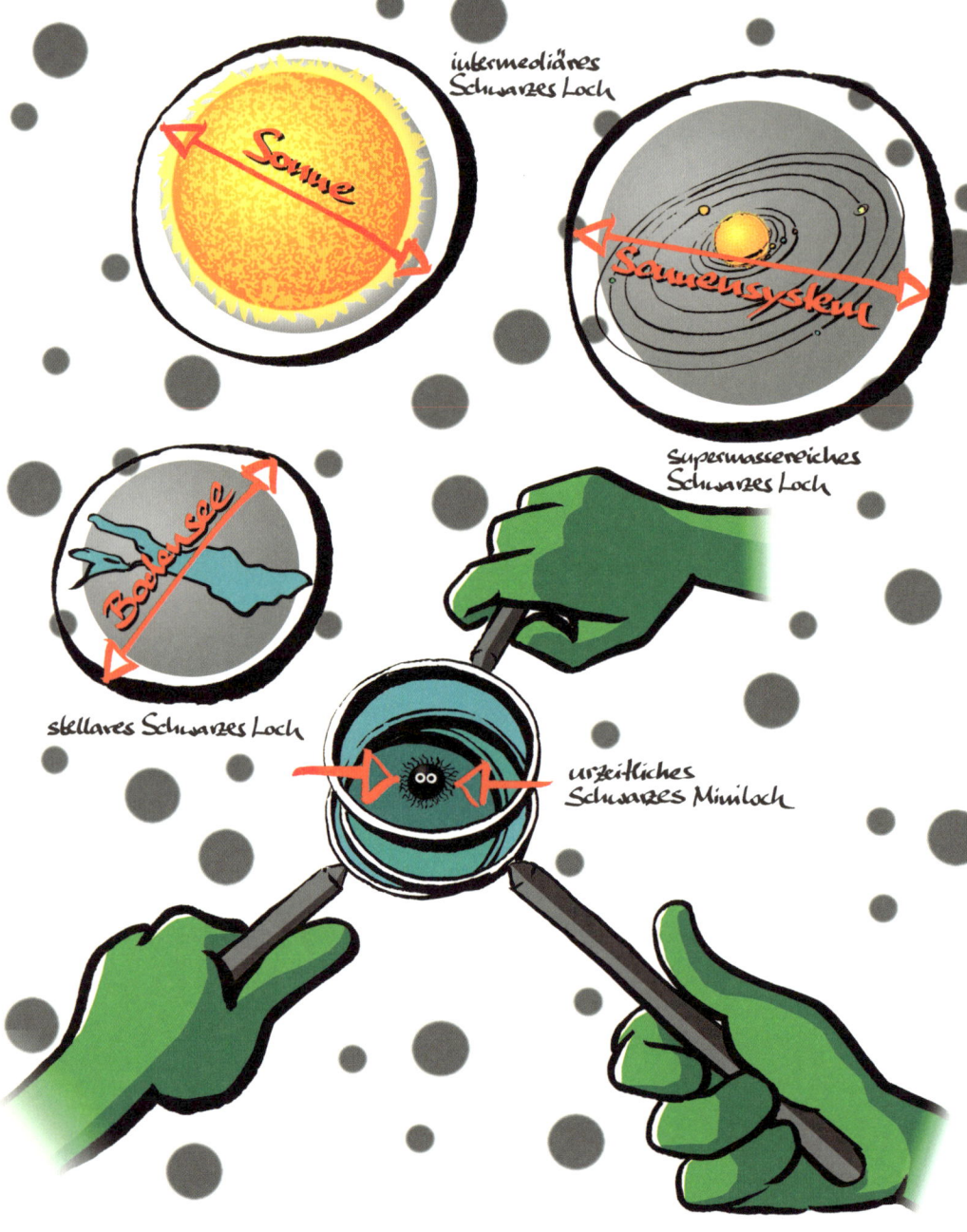

intermediäres
Schwarzes Loch

Sonne

Sonnensystem

supermassereiches
Schwarzes Loch

Bodensee

stellares Schwarzes Loch

urzeitliches
Schwarzes Miniloch

FALLEN DER SCHWERKRAFT

 „Schwarze Löcher sind ein Beispiel für die recht seltenen Fälle in der Wissenschaft, in denen eine Theorie detailliert als mathematisches Modell entwickelt wurde, bevor irgendwelche Beobachtungen vorlagen, die ihre Richtigkeit bestätigten."

Sie sind sowohl die gewichtigsten als auch die einfachsten Objekte der Welt: Schwarze Löcher. Und das ist keine Übertreibung, sondern gleichermaßen wundersam und äußerst befremdlich. Die unheimlichen Schwerkraftfallen enthalten so viel Masse auf engstem Raum, dass ihnen nicht einmal Licht entrinnen kann. Sie sind also vollkommen unsichtbar. Dennoch machen sich diese bodenlosen Gruben im All indirekt bemerkbar: durch ihre Schwerkraft, durch den Todesschrei der in sie stürzenden Materie und durch ihre Gravitationswellen, die den Weltraum förmlich erzittern lassen. Mit diesen gespenstischen Schwingungen können Physiker jetzt Schwarze Löcher auf eine ganz neue Weise erkunden sowie bald auch die finsteren Herzen der Galaxien. Dabei gelang es bereits, zwei von Stephen Hawkings Voraussagen zu erhärten.

Das Allereinfachste

Schwarze Löcher sind kohlrabenschwarz, weil sie selbst keinerlei Licht oder andere Strahlung abgeben. Und sie sind gewissermaßen „Löcher" im Weltraum – aber das darf man nicht wörtlich nehmen. Dennoch: Schwarze Löcher ermöglichen einen Blick in die Abgründe des Universums und bieten zugleich ein tieferes Verständnis der Wirklichkeit. Ohne Schwarze Löcher hätte sich das All ganz anders entwickelt oder wäre vielleicht gar nicht erst mit dem Urknall entstanden – und Menschen gäbe es dann auch nicht.

Schwarze Löcher sind ohne jede Übertreibung zugleich die einfachste und „gewichtigste" Sache der Welt. Gewichtig sind diese son-

Schwarze Löcher (links) sind kosmische Einbahnstraßen, die nichts mehr aus dem Bann ihrer Schwerkraft entkommen lassen. Unklar ist, welches grässliche Schicksal ihrer Beute im Zentrum bevorsteht. Manche Physiker haben spekuliert, dass es eine Art Hinterausgang geben könnte – ein Weißes Loch, aus dem alles herausexplodiert.

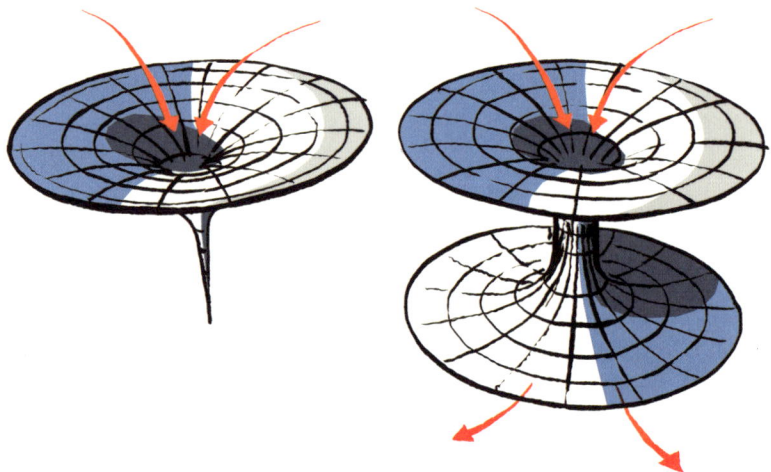

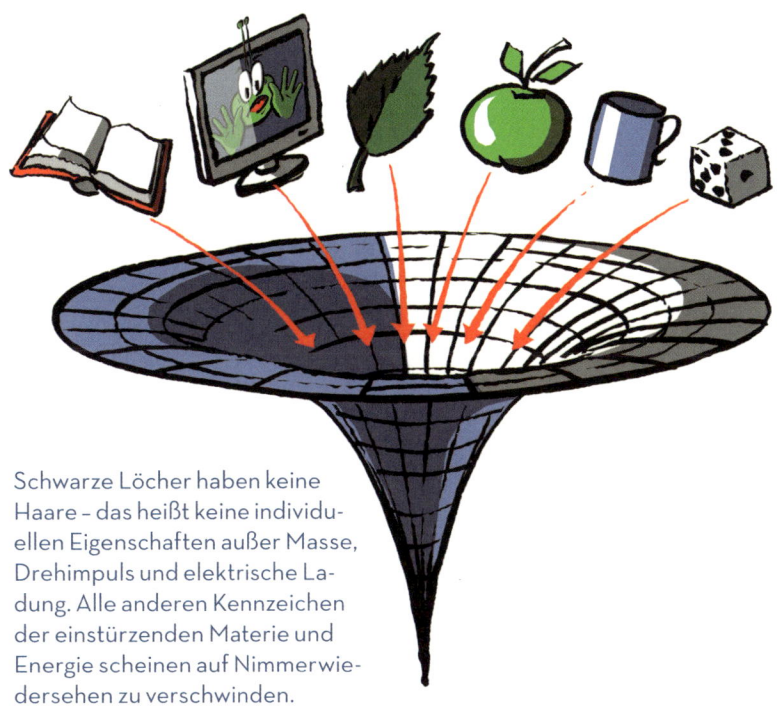

Schwarze Löcher haben keine Haare – das heißt keine individuellen Eigenschaften außer Masse, Drehimpuls und elektrische Ladung. Alle anderen Kennzeichen der einstürzenden Materie und Energie scheinen auf Nimmerwiedersehen zu verschwinden.

derbaren Himmelskörper, weil ihre Schwerkraft so hoch ist, dass ihnen nichts entkommen kann. Keine Materie und auch keine Strahlung mit ihrer lichtschnellen, aber eben nicht unendlich großen Geschwindigkeit. Und einfach sind Schwarze Löcher, weil man nur drei Kenngrößen braucht, um sie vollständig zu beschreiben: Masse, Drehimpuls und elektrische Ladung. Zumindest folgt das aus der Allgemeinen Relativitätstheorie. Die Masse gibt an, wie „schwer" das Schwarze Loch ist; der Drehimpuls, wie schnell es sich um seine Achse dreht; und die elektrische Ladung ist in der Realität gleich Null, da sich positive und negative Ladungen in der Regel ausgleichen. Einfacher geht es nicht mehr, zumindest nicht in der Physik.

Kein anderes Objekt im Universum lässt sich mit so wenig Information vollständig beschreiben. Das konnten Hawking und seine Kollegen Brandon Carter, Werner Israel und David C. Robinson zwischen 1970 und 1973 nachweisen. Der Begriff „Schwarzes Loch" wurde übrigens 1967 von John Wheeler geprägt. Und da sich alle Schwarzen Löcher einander so ähnlich sind wie kahlgeschorene Soldaten in Uniform, nannte er das augenzwinkernd „Keine-Haare-Theorem". Ein Schwarzes Loch verrät daher auch nicht, was es alles verschlungen hat.

„Das Keine-Haare-Theorem besagt, dass im Verlauf des Gravitationskollapses außerordentlich viel Information verloren geht. Beispielsweise spielt es für den Endzustand eines Schwarzen Lochs keine Rolle, ob der kollabierte Körper aus Materie oder Antimaterie bestand und ob er sphärisch oder von extrem unregelmäßiger Form war."

Gefräßige Gruben und kreative Kräfte

Schwarze Löcher sind kein bloßes Fantasiegebilde; sie bevölkern anscheinend massenhaft das All, wie Astronomen seit den 1960er-Jahren entdeckt haben. Zwar sind Schwarze Löcher selbst unsichtbar, aber sie beeinflussen mit ihrer Anziehungskraft die Bewegung von Sternen und leuchtender Materie in der Nähe. Außerdem stößt Materie, die in die Fänge einer solchen Schwerkraftfalle gerät, Röntgen- und Gammastrahlung aus, bevor sie in die finstere Falle stürzt. Diese energiereiche Strahlung lässt sich mit Weltraumteleskopen über riesige Entfernungen messen.

Die sogenannten stellaren Schwarzen Löcher sind Ruinen toter Sterne. Typischerweise nur so groß wie der Bodensee, vereinigen sie in sich die Masse von mindestens drei bis etwa 100 Sonnen. (Eine

Sonnenmasse entspricht rund zwei Milliarden Milliarden Milliarden Tonnen oder dem 330.000-Fachen der Erdmasse.) Einige Dutzend Schwarze Löcher haben Astronomen in der Milchstraße und in benachbarten Galaxien bereits aufgespürt. Meist sind sie der unsichtbare Partner in einem Doppelstern-System. Aus der gemessenen Bewegung des normalen Sterns lässt sich dann die Masse des unsichtbaren Begleiters errechnen.

Stellare Schwarze Löcher besitzen Radien zwischen zehn und 300 Kilometer. Manche von ihnen wachsen durch die Einverleibung von Gas, Staub und ganzen Sternen zu intermediären (mittelgroßen) Schwarzen Löchern an. Diese haben 100 bis eine Million Sonnenmassen und Halbmesser von 300 bis drei Millionen Kilometer; viele sind also größer als die Sonne.

Stellare Schwarze Löcher sind allerdings wahre Leichtgewichte im Vergleich zu den supermassereichen Schwarzen Löchern. Diese besitzen einige Millionen bis über zehn Milliarden Sonnenmassen oder mehr und stecken im Zentrum fast jeder Galaxie. Sie können mit drei Millionen bis 30 Milliarden Kilometer Radius so groß wie das Sonnensystem werden. Weil sie sich in der Frühzeit des Universums unglaublich viel Materie in kurzer Zeit einverleibt haben, sind sie rasant gewachsen. Dabei wurden irrsinnige Mengen an Strahlung frei, die man heute noch als die feurigen Zentren junger Galaxien über Milliarden von Lichtjahren hinweg in Teleskopen sehen kann. Diese Quasare sind so leuchtkräftig wie zehn oder 100 Milliarden Sonnen. Auf irdische Verhältnisse übertragen: Wenn eine Galaxie so klein wie Berlin wäre, dann hätte ihr aktives Zentrum nur die Ausmaße eines Staubkorns auf dem Brandenburger Tor, doch dieses Körnchen würde so grell scheinen wie alle Lichter der Großstadt zusammen.

Schwarze Löcher sind sowohl alles vernichtende Malströme als auch extreme Energieschleudern. Wenn sie Materie verschlingen, werden in ihrer Umgebung enorme Mengen an Strahlung freigesetzt.

Außerdem entstehen intensive Teilchenströme, die von Magnetfeldern gebündelt und oft fast auf Lichtgeschwindigkeit beschleunigt werden. Diese Jets schießen oft weit hinaus ins All, können Gaswolken aufheizen, durcheinander wirbeln und sogar die Entstehungsrate neuer Sterne erhöhen oder verringern. Das macht Schwarze Löcher außerordentlich kreativ: Obwohl selbst die massereichsten im Zentrum der Galaxien nicht größer als unser Sonnensystem werden können, prägen sie ihre Umwelt über Tausende von Lichtjahren hinweg und beeinflussen so entscheidend die Entwicklung ihrer Heimatgalaxien. Das ist erstaunlich, denn das Größenverhältnis einer Galaxie zu ihrem finsteren Herz ist vergleichbar mit dem von der Erde zu einem einzelnen Menschen.

Kollaps ins Bodenlose

Stellare Schwarze Löcher sind die Folge äußerst heftiger Vorgänge im All – der Explosion ausgebrannter Sterne. Das Schicksal der Sterne hängt von ihrer Masse und Zusammensetzung ab. Geht ihr „Brennstoff" zur Neige, blähen sie sich erst gewaltig auf und stürzen dann in sich zusammen. Das geschieht umso schneller, je größer beziehungsweise massereicher ein Stern ist – Verschwendung führt gewissermaßen zu einem frühen Ende.

Sterne mit der Masse unterhalb eines kritischen Grenzwerts, leichter als 1,4 Sonnenmassen, ziehen sich am Ende zu einem Weißen Zwergstern zusammen. Das wird auch die Sonne tun, aber erst in 7,6 Milliarden Jahren, nachdem sie zuvor als Roter Riese die Planeten Merkur, Venus und Erde verschlungen hat. Weiße Zwerge sind die „nackten" Kerne der Sterne – nicht viel größer als die Erde, aber wesentlich massereicher. Sie haben eine Dichte von über einer Tonne pro Kubikzentimeter und bestehen aus sogenannter entarteter Ma-

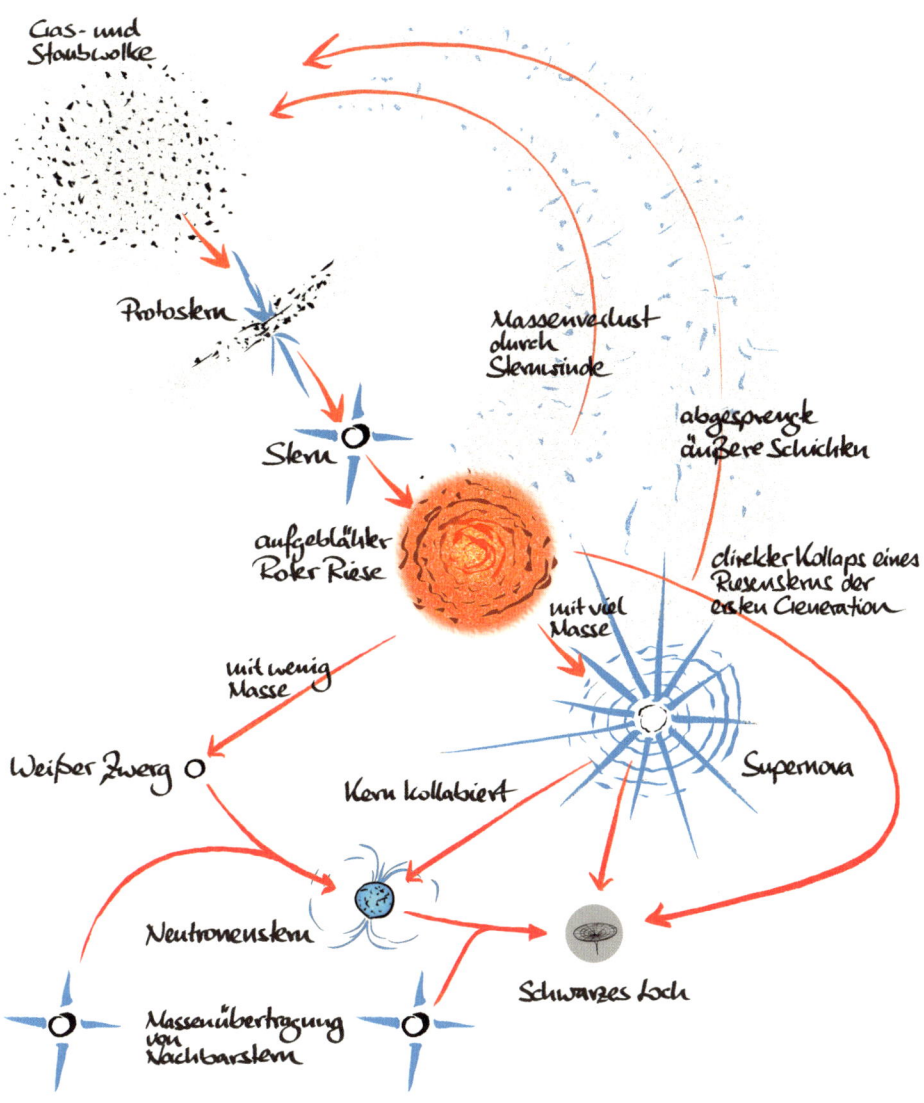

Gas- und
Staubwolke

Protostern

Stern

aufgeblähter
Roter Riese

Massenverlust
durch
Sternwinde

abgesprengt
äußere Schichten

direkter Kollaps eines
Riesenkerns der
ersten Generation

mit viel
Masse

Supernova

mit wenig
Masse

Weißer Zwerg

Kern kollabiert

Neutronenstern

Schwarzes Loch

Massenübertragung
von
Nachbarstern

Die Entwicklung der Sterne hängt hauptsächlich
von ihrer Masse ab.

terie, bei der die Atomkerne zusammengequetscht sind und die frei herumflitzenden Elektronen dicht an sie herangedrückt werden. Zu den bekanntesten Beispielen Weißer Zwerge zählen die Begleiter der Sterne Sirius und Prokyon.

Riesensterne mit mehr als dem 1,4-Fachen der Masse unserer Sonne explodieren. Sie setzen dann für ein paar Minuten mehr Energie frei als alle friedlich leuchtenden Sterne einer ganzen Galaxie. Eine solche gewaltige Detonation heißt Supernova. Dabei werden die äußeren Schichten des ausgebrannten Sterns mit etwa 1000 Kilometer pro Sekunde ins All geschleudert. Die Trümmer bereichern den kosmischen Materiekreislauf und können als Rohstoff für die Bildung neuer Sterne und Planeten dienen. Auch die Erde entstand zum Teil aus der Asche solcher Sternexplosionen. Und in Meteoriten – also Steinen, die vom Himmel gefallen sind – haben Wissenschaftler sogar Spurenelemente mehrerer Supernovae nachgewiesen, deren Überbleibsel in die Urkörper eingebaut wurden, aus denen sich unser Sonnensystem vor 4,6 Milliarden Jahren formte.

Doch nicht alle Materie wird bei einer Supernova ins All geschleudert. Der Kern des Sterns kollabiert unter seiner eigenen Schwerkraft und bildet eine extrem dichte, kompakte Ruine. In der Mehrzahl der Fälle ist dies ein sogenannter Neutronenstern. Wie sein Name andeutet, besteht er überwiegend aus elektrisch neutralen Teilchen, den Neutronen. Sie entstanden zu Abertausenden, als beim Kernkollaps die Elektronen gleichsam in die Protonen „hineingedrückt" wurden. Neutronensterne sind nur etwa 20 Kilometer groß und so dicht, dass ein Teelöffel ihrer Materie über 100 Millionen Tonnen wiegen würde. Die gesamte Wassermenge der fünf Großen Seen zwischen Kanada und den USA ließe sich problemlos in ein Spülbecken packen, wäre sie so stark komprimiert wie die Materie eines Neutronensterns.

Überschreitet der Sternkern eine bestimmte Masse, dann kommt der Kollaps bei einem Neutronenstern nicht zum Stillstand. Nicht einmal die Starke Wechselwirkung – die stärkste Naturkraft, die nur im subatomaren Bereich herrscht – kann der Gravitation dann noch Paroli bieten. Es gibt somit kein Halten mehr und der Zusammenbruch der Materie führt ins Bodenlose: Es entsteht ein Schwarzes Loch. Die Mindestmasse dafür beträgt etwa drei Sonnenmassen. Allerdings muss der Vorläuferstern über 20 Sonnenmassen besitzen, denn er bläst den Hauptteil seiner Materie ins All – zuerst als Sternwind und dann bei der Supernova-Explosion.

Schwarze Löcher sind also die maximalen Verdichtungen der Materie. Mehr Masse lässt sich in einem bestimmten Volumen nicht konzentrieren. Die Größe eines Schwarzen Lochs (wenn es nicht rotiert oder geladen ist) hängt nur von seiner Masse m ab und lässt sich mit einer Formel berechnen, die Karl Schwarzschild schon 1916 im Rahmen der Allgemeinen Relativitätstheorie gefunden hat. Der nach ihm benannte Schwarzschild-Radius R_S beträgt $R_S = 2Gm/c^2$. Dabei ist G Newtons Gravitationskonstante und c die Licht-

Würde die gesamte Masse der Erde zu einem Schwarzen Loch verdichtet werden, hätte der Planet die Größe einer Murmel.

geschwindigkeit. Somit kann man für jedes Objekt, dessen Masse bekannt ist, ausrechnen, wie klein es wäre, wenn es sich zu einem Schwarzen Loch verdichten würde. Der Schwarzschild-Radius der Sonne beträgt nur knapp drei Kilometer, der der Erde etwa neun Millimeter – die Größe einer Murmel. Ein typisches Schwarzes Loch von zehn Sonnenmassen hat einen Halbmesser von 30 Kilometern. Und alle Sterne der Milchstraße hätten Platz in einem Schwarzen Loch mit rund 0,05 Lichtjahren Radius.

Hinter dem Horizont geht es weiter – nur wohin?

Schwarze Löcher sind nicht nur die einfachsten, sie sind auch die verrücktesten Objekte im All. Ihre Schwerkraft ist so hoch, dass sie gemäß der Relativitätstheorie Licht nicht nur krümmen, sondern in einem bestimmten Abstand sogar auf eine kreisförmige Bahn um sich herum zwingen können. In ihrer Umgebung sind Rechts und Links vertauscht, und in ihrem Inneren mathematisch betrachtet auch Raum und Zeit. Man könnte sich dort nicht mehr frei im Raum bewegen oder standhaft an einem Ort verharren, sondern würde unaufhaltsam ins Zentrum gezogen, wo die Zeit gleichsam endet. In der unmittelbaren Umgebung rotierender Schwarzer Löcher wird die Raumzeit außerdem derart verquirlt, dass theoretisch vielleicht sogar Zeitreisen möglich sind.

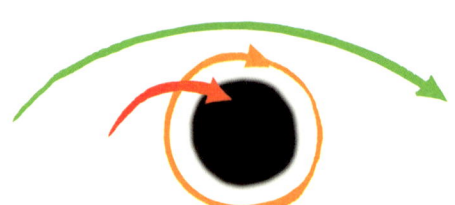

Ziehen Lichtstrahlen nahe bei einem Schwarzen Loch vorüber, werden sie förmlich zurückgebogen. Im Abstand vom 1,5-fachen Radius eines nicht rotierenden Schwarzen Lochs kann Licht dieses sogar ewig auf einer Kreisbahn umrunden. Aus noch geringerer Distanz gibt es kein Entkommen.

Die äußere Grenze eines Schwarzen Lochs heißt Ereignishorizont. (Wenn das Loch nicht rotiert, gleicht er einer Kugel mit dem Schwarzschild-Radius als Halbmesser.) Für Beobachter in sicherer Entfernung bleibt am Ereignishorizont die Zeit stehen. Diese gravitative Zeitdehnung folgt der Allgemeinen Relativitätstheorie. Alles, was in ein Schwarzes Loch fällt, verschwindet von außen betrachtet nicht hinter dem Horizont, sondern bleibt quasi daran „kleben" – als immer rötlicher und lichtschwächer werdendes Nachbild. Daher hießen Schwarze Löcher früher auch gefrorene Sterne.

„Die Grenze des Schwarzen Lochs, der Ereignishorizont, wird durch die Wege jener Lichtstrahlen in der Raumzeit festgelegt, die bei ihrem zum Scheitern verurteilten Versuch, dem Schwarzen Loch zu entfliehen, am weitesten nach außen dringen und sich für immer auf dieser Grenze bewegen. Dies erinnert ein bisschen an den Versuch, vor der Polizei davonzulaufen, und man ist ihr immer einen Schritt voraus, ohne ihr je wirklich zu entkommen! Man kann sich den Ereignishorizont auch als den Rand eines Schattens vorstellen – des Schattens eines drohenden Untergangs."

Aus Sicht eines ins Schwarze Loch stürzenden Objekts geht es hinter dem Ereignishorizont unaufhaltsam weiter, hinab in den Abgrund. Für neugierige Forschungsexpeditionen ist ein solcher tiefgründiger Abstieg aber nicht zu empfehlen. Zum einen könnten sie ihre Erkenntnisse sowieso nicht an die Außenwelt funken, da der Ereignishorizont nichts mehr frei gibt. Und zum anderen wäre selbst der aufopferungsvollste Versuch, das mysteriöse Zentrum eines Schwarzen Lochs zu erkunden, zum Scheitern verurteilt. Denn nichts kann den Gezeitenkräften eines Schwarzen Lochs widerstehen: Alles wird langgezogen wie Spaghetti und gnadenlos zerrissen. Das geschieht bei stellaren Schwarzen Löchern schon außerhalb des Horizonts. Die Grenze supermassereicher Riesen-

Falls ein leichtsinniger Raumfahrer in ein Schwarzes Loch gerät, reißen ihn Gezeitenkräfte der Länge nach auseinander.

löcher hingegen könnte man zunächst gefahrlos passieren; bis alles im Zentrum zerschellt, vergeht für einen Besucher hier maximal eine Stunde Eigenzeit. Für ein stellares Schwarzes Loch mit zehn Sonnenmassen beträgt die Gnadenfrist dagegen nur etwas mehr als eine tausendstel Sekunde.

„Es tut mir leid, dass ich die Hoffnungen künftiger galaktischer Touristen enttäuschen muss, aber dieses Szenario funktioniert nicht: Wenn Sie in ein Schwarzes Loch springen, wird es Sie zerreißen und umbringen. Doch in gewissem Sinne könnten die Teilchen, aus denen Ihr Körper besteht, in ein anderes Universum gelangen. Ich weiß allerdings nicht, ob es für jemanden, der in einem Schwarzen Loch zu Spaghetti verarbeitet wird, ein großer Trost ist, zu wissen, dass seine Elementarteilchen möglicherweise überleben."

Über das ominöse Innere der Schwarzen Löcher können also nur Theoretische Physiker Auskunft geben. Welche grässlichen Dinge geschehen dort? Wird alles zermalmt? Verschwinden womöglich die Elementarteilchen selbst? Wahrscheinlicher ist eine unglaublich dichte Energiekonzentration – oder das Ende der Raumzeit selbst. Vielleicht öffnet sich aber auch ein Tor durch Raum und Zeit und führt zu einem anderen Universum – oder zündet sogar einen neuen Urknall?

1964 bewies Roger Penrose, dass Krümmungssingularitäten ein unvermeidliches Merkmal des Gravitationskollaps sind: Die Allgemeine Relativitätstheorie verliert im Zentrum Schwarzer Löcher also ihre Gültigkeit, weil die physikalischen Parameter hier die unsinnigen Werte Null oder Unendlich annehmen. Zusammen mit Penrose hat Hawking dieses Resultat verfeinert und es auch auf die Urknall-Singularität übertragen.

Was im Zentrum eines Schwarzen Lochs vor sich geht, lässt sich im Rahmen der Relativitätstheorie also nicht beantworten. Dafür ist eine Theorie der Quantengravitation nötig, für die es aber noch keine experimentell bestätigten Kandidaten gibt. Diese Theorie muss dann auch ein weiteres Rätsel lösen: Der Relativitätstheorie zufolge steckt nämlich die gesamte Masse eines Schwarzen Lochs in der zentralen Singularität. Dies ist eine abenteuerliche und eigentlich unhaltbare Vorstellung. Denn bei statischen Schwarzen Löchern ist die Singularität ein ausdehnungsloser Punkt, bei rotierenden ein unendlich dünner Ring. Wie können darin die riesigen Massen ganzer Sterne und Sternhaufen unterkommen?! John Wheeler brachte das Paradoxon mit dem Slogan „Masse ohne Masse" auf den (singulären) Punkt.

Schwarze Löcher für die Praxis

Schwarze Löcher beflügeln schon lange die Fantasie von Science-Fiction-Autoren. Doch die Überlegungen von Wissenschaftlern stehen den Spekulationen an Einfallsreichtum kaum nach. Das betrifft besonders einen möglichen Nutzwert der Schwerkraft-Kolosse – im Einklang mit den bekannten Naturgesetzen!

Schwarze Löcher sind Allesfresser. In ihnen könnten selbst die gefährlichsten Abfälle auf Nimmerwiedersehen entsorgt werden. Außerdem lassen sich gewaltige Energiemengen gewinnen. Denn rund 20 Prozent der Energie eines rotierenden Schwarzen Lochs – viele Tausend Mal mehr als die Sonne im Lauf ihres Daseins erzeugt – sind in der Ergosphäre gespeichert. Dieser äquatoriale wulstförmige Raum außerhalb des Ereignishorizonts wird von der Drehung des Gravitationsmonsters förmlich herumgewirbelt. Gegenstände, die an ihm durch die Ergosphäre vorbeifliegen, zapfen die Rotationsenergie des Schwarzen Lochs an und werden immens beschleunigt.

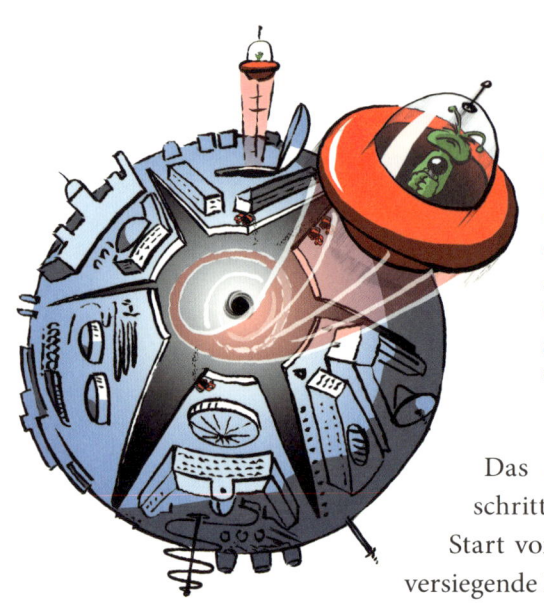

Hochentwickelte Zivilisationen könnten ihre Städte um kleine rotierende Schwarze Löcher bauen. Die wären ideale Müllschlucker. Außerdem kann man ihnen Drehimpuls entziehen, um Energie zu gewinnen oder Raumschiffe ins All zu katapultieren.

Das nutzen technisch weit fortgeschrittene Zivilisationen vielleicht zum Start von Raumschiffen oder als kaum versiegende Energiequelle.

Dasselbe Prinzip ließe sich auch für die Entwicklung einer verheerenden Waffe missbrauchen: Würde man ein Schwarzes Loch vollständig mit einem Hohlspiegel umkleiden, wäre es als Gravitationsbombe einsetzbar. Dazu muss man nur durch eine Luke in die Spiegelkugel hineinleuchten – eine Taschenlampe genügt – und die Öffnung wieder verschließen. Das Licht wird im Hohlspiegel ständig hin und her reflektiert. Jedes Mal, wenn es durch die Ergosphäre gelangt, gewinnt es Energie. Durch diesen riesigen Verstärkungseffekt baut sich ein gewaltiger Druck auf, bis der Spiegel zerbirst. Dann wird die Strahlung schlagartig freigesetzt. Im Vergleich dazu gleicht

Für eine Gravitationsbombe braucht man nur ein Schwarzes Loch im Zentrum eines Kugelspiegels, eine Taschenlampe und einen Korken.

eine Atombomben-Explosion einem flackernden Streichhölzchen. Doch der technische Aufwand wäre so gewaltig, dass diese Idee zum Glück wohl kaum zu realisieren ist.

Das Beben der Raumzeit

Im Jahr 1971 veröffentlichte Hawking einen Artikel über Gravitationswellen von Schwarzen Löchern. Dass aus der grauen – oder besser: schwarzen – Theorie eines Tages das helle Licht der Wahrheit hervorstrahlen würde, war damals keineswegs offensichtlich. Doch eine wichtige Erkenntnis aus dem nur dreiseitigen Artikel setzte sich rasch durch: das „Black Hole Area"-Theorem, ein wegweisender Lehrsatz zum Wachstum Schwarzer Löcher. Hawking fasste ihn später so zusammen:

„Wenn zwei Schwarze Löcher zusammenstoßen und miteinander verschmelzen, ist die Fläche des resultierenden Schwarzen Lochs größer als die Summe der Flächen der ursprünglichen Schwarzen Löcher."

Inzwischen lässt sich dieses Theorem durch astronomische Messungen überprüfen. Und zwar mithilfe von Gravitationswellen, genau wie Hawking es überlegt hat. (Mit seinem damaligen Studenten Gary Gibbons forschte er in den 1970er-Jahren übrigens nicht nur weiter dazu, sondern hatte sogar den Bau eines Detektors beantragt.) Der direkte Nachweis dieser Schwingungen der Raumzeit ist nun tatsächlich gelungen. Das gab ein über 1000-köpfiges internationales Wissenschaftlerteam 2016 bekannt.

Die Existenz der Gravitationswellen hatte Albert Einstein 1916 vorausgesagt. Es gehört zu den triumphalen Erkenntnissen der Allgemeinen Relativitätstheorie, dass die Raumzeit keine passive Bühne ist, auf der sich die Dramen des Universums abspielen, ohne dass diese die Bühne beeinflussen. Sie ist vielmehr ein aktiver Mitspieler im Welttheater und gestaltet das kosmische Schauspiel mit. Masse und Energie wechselwirken mit Raum und Zeit und können sie sogar kräuseln.

Die Messungen von LIGO haben Einsteins kühne Ideen aufs Neue bestätigt. LIGO ist die Abkürzung von Laser-Interferometer Gravitationswellen-Observatorium: Die beiden 3000 Kilometer voneinander entfernten Interferometer in Hanford im US-Bundesstaat Washington und in Livingston in den Wäldern von Louisiana bestehen aus zwei senkrecht zueinander gebauten, je vier Kilometer langen

Die Kollision Schwarzer Löcher lässt die Raumzeit Wellen schlagen – und kann so noch viele Hundert Millionen Lichtjahre entfernt gemessen werden.

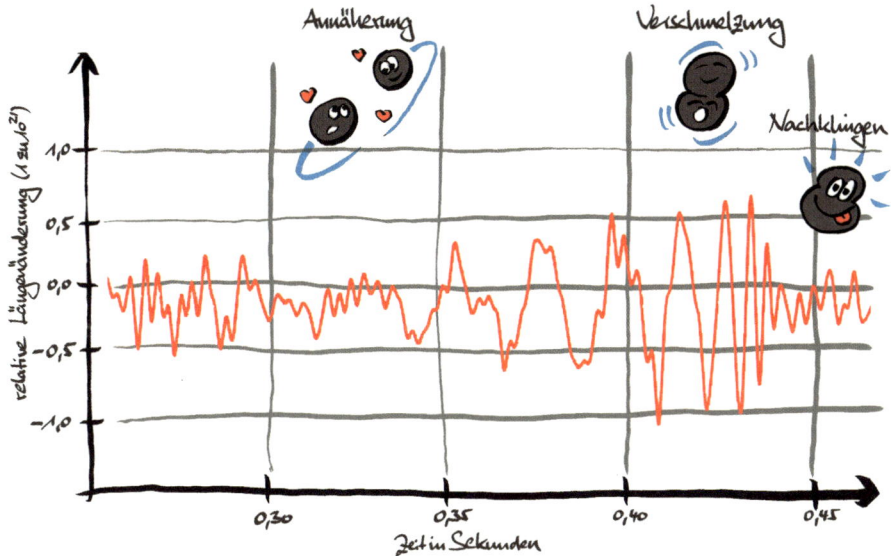

GW150914, das erste entdeckte Gravitationswellen-
signal, gemessen vom LIGO-Detektor. Es stammt von
der spiralförmigen Annäherung und Karambolage zweier
Schwarzer Löcher sowie vom letzten Zittern des Ver-
schmelzungsprodukts.

Laserstrecken. Das präzise messbare Überlagerungsmuster der beiden Laserstrahlen kann relative Längenänderungen von weniger als
1 zu 10^{21} nachweisen – das entspricht einer Genauigkeit der Distanz
zwischen Sonne und dem nächsten Stern auf ein Zehntel der sprich-
wörtlichen Haaresbreite.

Das hat es ermöglicht, Gravitationswellen von jeweils etwa 1,4
Milliarden Lichtjahren fernen Schwarzen Löchern zu erhaschen, die
sich erst rasend schnell umkreisen, dann brachial zusammenstießen
und schließlich miteinander verschmolzen sind. Die beiden zuerst
entdeckten Signale stammten von Schwarzen Löchern mit Massen

zwischen etwa sieben und 36 Sonnen. Die Kollisionen setzten innerhalb einer Sekunde eine Energie frei, die größer war als die aller Sterne im sichtbaren Universum zur selben Zeit.

Die Messungen sind nicht nur ein Triumph für die Physik und astronomisch hochinteressant, sondern auch für die Theorie der Schwarzen Löcher von großer Bedeutung. Daher gratulierte Hawking dem LIGO-Team gleich voller Begeisterung. Und er hat allen Grund zur Freude, bestätigen die Daten doch sein „Black Hole Area"-Theorem.

„Die Messungen können die Allgemeine Relativitätstheorie für Gravitationsfelder überprüfen, die stark und hochdynamisch sind. Und die Daten passen zu meiner Vorhersage, dass die Oberfläche des finalen Schwarzen Lochs größer ist als die Summe der Oberflächen der beiden ursprünglichen Schwarzen Löcher. Die Messungen stehen zudem im Einklang mit dem Keine-Haare-Theorem."

Schon die ersten Messungen von Gravitationswellen sind also ein Knaller. Dadurch wurde die Relativitätstheorie auf einen Schlag in zuvor unzugänglichen Bereichen und mit großer Genauigkeit erneut getestet – und hat diese Bewährungsprobe wieder mit Bravour bestanden. Wenn sich hinter den Schwerkraftmonstern etwas anderes verbirgt als Schwarze Löcher, können Gravitationswellen das früher oder später verraten. Außerdem haben die Messungen der Raumzeit-Kräuselungen bereits die Astrophysiker herausgefordert: Sie müssen erklären, wie derart massereiche Paare Schwarzer Löcher überhaupt so zahlreich entstehen konnten. Es wird nun spekuliert, dass sich diese finsteren Objekte schon im ersten Sekundenbruchteil des Universums aus extremen Dichteschwankungen gebildet haben – und womöglich noch heute das All als Dunkle Materie beherrschen. Stimmt das, dann wäre es eine grandiose Bestätigung von Hawkings Mutmaßungen über primordiale Schwarze Löcher aus dem Urknall.

Hawking-Quiz

1. Warum sind Schwarze Löcher schwarz?

☐ a. Weil Licht ihre Schwerkraft scheut

☐ b. Weil aus ihrem Ereignishorizont nichts entkommt

☐ c. Weil sie eine feste, dunkle Oberfläche haben

2. Wie entstehen Schwarze Löcher?

☐ a. Immer bei einer Supernova

☐ b. Aus dem Kollaps sehr massereicher Sterne

☐ c. Wenn ein Weißer Zwerg zerrissen wird

3. Wo gibt es supermassereiche Schwarze Löcher?

☐ a. Im Zentrum der meisten Galaxien

☐ b. In Pulsaren

☐ c. In Doppelstern-Systemen

4. Was besagt das Keine-Haare-Theorem?

☐ a. Alle Schwarzen Löcher sind schwarz

☐ b. Schwarze Löcher haben keine Eigenschaften

☐ c. Schwarze Löcher sind bis auf drei Eigenschaften gleich

5. Was haben Gravitationswellen-Messungen gezeigt?

☐ a. Schwarze Löcher sind häufig im All

☐ b. Die klassischen Lehrsätze sind unzureichend

☐ c. Die Relativitätstheorie funktioniert nicht richtig

Lösungen: 1b, 2b, 3a, 4c, 5a

SCHWARZE LÖCHER SIND NICHT SCHWARZ

„Ich verlasse mich sehr oft auf die Intuition und versuche, ein Ergebnis zu erraten, doch dann muss ich es beweisen. Und in dieser Phase stelle ich sehr häufig fest, dass die Dinge, so wie ich sie mir vorgestellt habe, nicht stimmen oder dass eine ganz andere Situation vorliegt, an die ich nie gedacht habe. So habe ich festgestellt, dass Schwarze Löcher nicht vollständig schwarz sind. Dabei wollte ich etwas ganz anderes beweisen."

Schwarze Löcher gelten als unüberwindbare Schwerkraftfallen, doch sie können sogar explodieren! Diese überraschende Erkenntnis ist wohl Stephen Hawkings wichtigste wissenschaftliche Leistung. Sie verbindet nicht nur drei zuvor getrennte Bereiche der Physik, sondern hat auch Konsequenzen für das Verständnis des Universums im Allerkleinsten und Allergrößten. Was geschieht mit der Materie, die in ein Schwarzes Loch stürzt, wenn sich dieses wieder auflöst? Hawking hat seine Ansichten hierzu mehrfach geändert – und grübelt inzwischen sogar darüber, ob es Schwarze Löcher wirklich gibt.

Wenn physikalische Informationen verschwinden können, wären grundlegende Naturgesetze verletzt, zum Beispiel der Satz von der Erhaltung der Energie. Aus Smartphones könnten dann Gespenster strömen und im Backofen pinkfarbene Ameisenbären Polka tanzen. Um die Ordnung des Alls wiederherzustellen, hat Hawking sogar bei einer Wette kapituliert.

Explosive Informationen

Der Ereignishorizont eines klassischen Schwarzen Lochs schrumpft niemals. Er kann nur wachsen – wenn das Schwarze Loch etwas in sich aufnimmt. Das hat Hawking im Rahmen der Allgemeinen Relativitätstheorie bewiesen. Daraufhin fiel Jacob Bekenstein eine Ähnlichkeit mit einem Hauptsatz der Thermodynamik auf, wonach die Entropie im statistischen Mittel nur zunehmen kann (oder im Gleichgewicht konstant bleibt). Die Entropie ist das physikalische Maß der Unordnung eines Systems. Bekenstein zeigte außerdem, dass die Entropie eines Schwarzen Lochs proportional zur Fläche seines Ereignishorizonts ist. Das klingt abstrakt und ist es auch. Doch hinter dieser Überlegung verbarg sich eine riesige Portion Sprengstoff – sogar ganz wörtlich, wie Hawking 1973 erkannte.

Schwarze Löcher sollten also wie alle Systeme in der Natur Entropie haben – umso mehr, je größer sie sind. Aber was eine Entropie aufweist, hat auch eine Temperatur. Und was eine Temperatur besitzt, muss Wärme abgeben. Das bedeutet: Schwarze Löcher sind doch nicht völlig schwarz, sondern senden Strahlung aus – wie gering auch immer. 1974 ließ Hawking dann die Bombe platzen – erst auf Vorträgen, anschließend in einer Fachpublikation: Schwarze Löcher verdampfen allmählich und müssen am Ende sogar explodieren! Diese Entdeckung machte Hawking – zusammen mit seinen Forschungen zur Urknall-Singularität – unter Physikern weltberühmt und wird immer ein Meilenstein in der Geschichte der Wissenschaft bleiben. Sein Resultat ist eine erste, noch zaghafte Verbindung von Allgemeiner Relativitätstheorie, Quantenphysik und Thermodynamik – drei bis dahin weitgehend getrennten grundlegenden Bereichen der Physik. Letztlich, so argumentierte Hawking, entziehen Quanteneffekte am Ereignishorizont aus dem Gravitationsfeld eines Schwarzen Lochs Energie.

Hawkings Schlussfolgerung: Je kleiner und masseärmer Schwarze Löcher sind, desto stärker strahlen sie. Ihre Temperatur ist im Normalfall zwar winzig – bei einem stellaren Schwarzen Loch nicht einmal ein Zehnmillionstel Grad über dem absoluten Nullpunkt, der bei minus 273 Grad Celsius liegt. (Gegenwärtig gewinnen Schwarze Löcher durch die drei Grad wärmere Kosmische Hintergrundstrahlung also viel mehr als sie verlieren.) Doch wenn sich der Weltraum ewig weiter ausdehnt und das Universum beliebig alt werden kann, dann verdampfen Hawking zufolge alle Schwarzen Löcher irgendwann!

Die Energie der finalen Explosion eines Schwarzen Lochs ist dabei gigantisch – vergleichbar der simultanen Detonation von zehn Millionen Atombomben mit der Sprengkraft von jeweils einer Megatonne. Für ein stellares Schwarzes Loch dauert das zwar mehr als 10^{66} Jahre, für ein supermassereiches in einem Galaxienzentrum sogar bis zu 10^{100} Jahre (eine Zahl mit hundert Nullen!). Aber es wird geschehen. Und dann wird die Wunde, die der Gravitationskollaps in die Raumzeit gestochen hat, wohl vollständig geheilt sein.

 „Der Urknall ähnelt der Explosion eines Schwarzen Lochs, nur dass er in unvergleichlich größerem Maßstab stattfand. Wenn man versteht, wie Schwarze Löcher Teilchen erzeugen, so wird man vielleicht auch verstehen können, wie der Urknall alle Dinge im Universum geschaffen hat."

Schwarze Löcher aus dem Urknall?

Ob sich diese Hawking-Strahlung jemals wird messen lassen, ist fraglich – Hawking würde dafür sicherlich den Physik-Nobelpreis bekommen. Doch er kann nicht warten, bis die bekannten Schwarzen Löcher verdampfen – bis dahin wird sehr, sehr viel mehr Zeit vergehen als das bisherige Alter des Universums.

Das Ende der „gewöhnlichen" Schwarzen Löcher lässt also noch lange auf sich warten. Doch Hawking und andere Wissenschaftler halten es für möglich, dass Schwarze Löcher auch durch zufällige Dichteschwankungen im Tohuwabohu des Urknalls entstanden sind. Diese sogenannten primordialen Schwarzen Löcher könnten winzig sein, nur so groß wie ein Proton (10^{-13} Zentimeter) – und wären dann wesentlich kurzlebiger als die finsteren Sternruinen.

„Ein urzeitliches Schwarzes Loch könnte kleiner als ein Atomkern sein, seine Masse betrüge indessen hundert Milliarden Tonnen, was etwa der Masse des Fujiyama entspricht. Es könnte so viel Energie wie ein großes Kraftwerk abgeben."

Vielleicht schwadronieren Schwarze Minilöcher noch heute durchs All und senden intensive Gammastrahlung als finales Fanal aus. Schon bei einem Tausendstel Millimeter messenden Schwarzen Loch ist die Hawking-Strahlung beträchtlich; es wiegt so viel wie der Mond (rund 10^{22} Kilogramm). Schwarze Löcher von der Größe eines Protons haben die Masse eines kleinen Bergs (etwa eine Milliarde Kilogramm) und sind eine Milliarde Grad Celsius heiß. Sie emittieren nicht nur Photonen, sondern auch Elektronen und Positronen. Primordiale Schwarze Löcher, die gegenwärtig verdampfen würden, müssten ursprünglich eine Masse von 500 Millionen Kilogramm gehabt haben und 10^{-23} Sekunden nach dem Urknall entstanden sein. Gammastrahlen-Teleskope fanden bislang allerdings keine Anzeichen solcher Miniloch-Blitze. Aber diese wären, falls es sie gibt, auch relativ selten: Sie ereignen sich höchstens einmal pro Kubiklichtjahr und Jahrhundert.

Unter sehr speziellen Umständen könnten Schwarze Minilöcher sogar in Teilchenbeschleunigern auf der Erde erzeugt werden. Sie wären kleiner als ein Tausendstel des Protonen-Durchmessers und

Schwarze Löcher im Labor zu erschaffen, wäre ziemlich cool. Oder heiß, denn sie würden sich sofort wieder in Hawking-Strahlung auflösen. Daher besteht keine Gefahr, dass sie versehentlich die Erde verschlingen! Doch wahrscheinlich sind die erforderlichen Energien sowieso viel zu groß.

hätten die Masse von vielleicht 5000 dieser Kernteilchen. (Entstehen könnten solche Minilöcher allerdings nur, wenn es mindestens zwei zusätzliche, mehr als einen Billiardstel Meter große Raumdimensionen neben Breite, Höhe und Tiefe gäbe – doch das ist reine Mutmaßung.) Diese Minilöcher würden sofort wieder zerstrahlen, sie wären also keine Bedrohung für die Erde. Außerdem müssten sie sich dann in der Natur auch von selbst bilden: durch die Partikel der Kosmischen Strahlung, die dauernd aus dem All auf die Atmosphäre prasseln. Sie sind sehr viel energiereicher als jede Teilchenkollision in allen absehbaren Teilchenbeschleunigern der Zukunft. Die Erschaffung Schwarzer Minilöcher im Labor wäre nicht gefährlich, sondern ein Highlight der Physik des 21. Jahrhunderts. Erstmals wären Quantengravitationseffekte zugänglich und die bislang sehr spekulativen Theorien dazu überprüfbar.

Übrigens muss selbst der Weltraum Hawking-Strahlung erzeugen, wenn er sich immer schneller ausdehnt. Und genau das tut er, wie astronomische Messungen seit 1998 zeigen. Davon konnte Hawking aber noch nichts wissen, als er 1977 mit Gary Gibbons den verrückten Quanteneffekt berechnet hatte. Es war ein gedanklicher Analogieschluss: Wenn sich das All rasant ausdehnt, besitzt es einen Ereignishorizont – so als wäre es ein nach innen gekehrtes Schwarzes Loch. Und dann müsste es eben sehr schwach strahlen. Selbst in unendlicher Zeit kann sich das Universum daher nicht auf den absoluten Nullpunkt abkühlen.

„Ein immer schneller expandierendes Universum würde sich verhalten, als hätte es eine effektive Temperatur wie ein Schwarzes Loch."

Auch wenn eine direkte Messung der Hawking-Strahlung noch Zukunftsmusik ist – indirekte Hinweise auf sie gibt es heute schon. Der Effekt sollte sich nämlich auch in Systemen mit einem „Schallhorizont" zeigen, nicht nur bei einem Lichthorizont wie am Rand eines Schwarzen Lochs. Solche Schallhorizonte kann man in ultrakalten Quantensystemen aus wenigen Atomen erzeugen, sogenannten Bose-Einstein-Kondensaten – und sogar in Wasserströmungen einer Badewanne. Tatsächlich gibt es bereits erste experimentelle Hinweise, dass solche Horizonte schwach strahlen. Es ist aber nicht richtig klar, was genau solche Effekte in den Systemen „analoger Gravitation" bedeuten, wie Wissenschaftler diese nennen.

Schnelle Strömungen können eine Art Hawking-Strahlung ganz ohne Gravitation erzeugen – im Prinzip sogar in der Badewanne. Es gibt bereits erste experimentelle Hinweise für einen solchen Analogie-Effekt.

Hawkings Grabstein-Formel und Gottes Würfel

Hawkings Erkenntnis, dass Schwarze Löcher verdampfen, hat eine große Tragweite für das Verständnis der Natur: Das Universum ist viel zufälliger, als man jemals dachte. Das bedeutet, dass in der Welt der Zufall in einem noch viel schockierenderem Ausmaß herrscht, als es die übliche Interpretation der Quantenphysik schon vorsieht (etwa beim radioaktiven Zerfall, der keine Ursache hat), und gegen den sich Albert Einstein mit dem Ausspruch, Gott würfle nicht, bis an sein Lebensende gewehrt hatte. Hawking trieb Einsteins Bonmot deshalb auf die Spitze, indem er es auf Schwarze Löcher übertrug:

 „Die Gravitation bringt eine neue Ebene der Unvorhersagbarkeit in die Physik ein, welche die übliche mit der Quantentheorie verbundene Unsicherheit bei weitem übertrifft. Gott würfelt nicht nur mit dem Universum, sondern er wirft die Würfel sogar manchmal dorthin, wo man sie nicht sehen kann."

Nicht nur auf Einstein bezieht sich Hawking in seinen subtilen Scherzen, sondern auch auf Ludwig Boltzmann. Dessen Grabstein auf dem Wiener Zentralfriedhof ziert nach eigenem Wunsch die von ihm entdeckte Entropie-Formel: S = k log W. Boltzmann hatte erkannt, wie sich die Entropie S berechnen lässt. Diese thermodynamische Größe ist ein Maß für den Grad der Unordnung in einer großen Ansammlung von Teilchen, beispielsweise der Moleküle in einer Gas- oder Champagnerflasche. S ergibt sich aus der Boltzmann-Konstante k multipliziert mit dem natürlichen Logarithmus der Anzahl W von Möglichkeiten, diese Teilchen anzuordnen, ohne dass sich das makroskopische Erscheinungsbild ändert.

Hawkings bahnbrechende Erkenntnis von der Quantenzerstrahlung Schwarzer Löcher beruht auf Boltzmanns Definition, denn Hawking hatte nachgewiesen, dass auch jedes Schwarze Loch eine Entropie S besitzt – und eben deshalb eine Temperatur. S ist proportional zur „Oberfläche" des Schwarzen Lochs – genauer: zur Fläche A seines Ereignishorizonts; sonst hängt S nur von Naturkonstanten ab: der Boltzmann-Konstante k, der Lichtgeschwindigkeit c, dem Planck'schen Wirkungsquantum $\hbar$ und der Gravitationskonstante G. Die Entropie eines Schwarzen Lochs beträgt $S = Akc^3/4\hbar G$, wie Hawking erkannt hat. Und darauf bezieht sich auch sein hintergründiger Humor, denn anlässlich seines 60. Geburtstags im Jahr 2002 verkündete er:

„Ich möchte, dass diese einfache Formel auf meinem Grabstein steht."

Gleichungen sind für die Ewigkeit – und können
sogar auf Grabsteinen stehen, zum Beispiel Ludwig
Boltzmanns berühmte Entropie-Formel. Hawking
wünscht sich auch so ein physikalisches Denkmal.

Wenn Schwarze Löcher keine „Haare"
haben, kann man nicht wissen, was sich
in ihnen verbirgt.

Spurlos verschwunden?

Der Gravitationskollaps, der zur Entstehung eines Schwarzen Lochs führt,
ist dem „Keine-Haare-Theorem" zufolge ein universeller Gleichmacher: Das
Schwarze Loch lässt sich nicht anmer-
ken, was in ihm vorgeht. Somit gibt es
keine Möglichkeit, über seine Vergangenheit irgendetwas zu erfahren – zum
Beispiel, wie das Magnetfeld des kolla-
bierten Sterns aussah, welche Temperatur und Oberflächenstrukturen er
besaß, ob er aus Materie oder Antimaterie bestand, was nach seinem Kollaps
zusätzlich in das Schwarze Loch hin-
einstürzte und so weiter.

„Dieser Informationsverlust war noch kein Problem für die
klassische Physik. Ein klassisches Schwarzes Loch währt
ewig, und man kann annehmen, dass die Information in
seinem Inneren erhalten bleibt, aber nicht besonders gut
zugänglich ist."

Zugänglich wären die Informationen allenfalls für ein Selbst-
mord-Kommando, das ins Schwarze Loch springt – außerhalb davon würde aber niemals jemand davon erfahren können. Die Situation änderte sich jedoch drastisch mit der Entdeckung, dass Schwarze Löcher aufgrund von Quanteneffekten
allmählich verdampfen. Wenn die Hawking-Strahlung nämlich thermisch ist, wie Physiker sagen, das heißt rein statis-
tischer Natur, also zufällig, dann hat das eine alarmierende Konse-

quenz, wie Hawking 1975 herausfand. Denn dann wäre prinzipiell niemals ersichtlich, was das Schwarze Loch einst verschlungen hat – Staub, Sterne oder Steuererklärungen.

„Wir glauben, wir könnten in der Vergangenheit lesen wie in einem offenen Buch. Doch wenn Information in Schwarzen Löchern verloren ginge, wäre das nicht der Fall. Dann hätte alles Mögliche passiert sein können, und wir wären nicht in der Lage, es zu rekonstruieren."

Auch Vorhersagen der Zukunft wären beeinträchtigt. Doch das ist nicht alles.

„Information kann nicht völlig kostenlos übermittelt werden, was jedem von uns spätestens dann klar wird, wenn er seine Telefonrechnung bekommt. Information braucht Energie, um übertragen zu werden, und in den Endstadien eines Schwarzen Lochs ist nur noch sehr wenig Energie übrig. Wie kommt sie also aus ihm heraus?"

Überhaupt nicht! So zumindest Hawkings schockierende Schlussfolgerung. Denn wenn das Schwarze Loch restlos verdampft, hätten sich mit ihm auch alle einst verschluckten Informationen quasi in nichts aufgelöst. Das mag im Alltag irrelevant sein, schließlich vernichtet, verlegt und vergisst jeder immer wieder einmal etwas. Doch das verletzt keine Erhaltungssätze. Diese sind in der Physik das Fundament schlechthin, weil sich darauf alle naturgesetzlichen Zusammenhänge gründen. Falls also tatsächlich all die in Schwarzen Löchern verschwundenen physikalischen Kenngrößen auf Nimmerwiedersehen verloren gingen, dann wären die Lehrbücher der Physik Makulatur. Der Satz von der Erhaltung der Energie und andere grundlegende Prinzipien würden versagen; und die experimentell so erfolgreiche Quantentheorie müsste zusammenstürzen wie ein Kartenhaus.

Hawkings verlorene Wette

Wenn Hawkings Schlussfolgerung stimmt, gerieten also die Grundlagen der Physik ins Schwanken. Damit wollen sich die meisten Forscher freilich nicht abfinden. Sie vermuten, mindestens eine der Voraussetzungen der Argumentation wäre unzutreffend. Sie hoffen zudem, dass eine künftige Theorie der Quantengravitation, die die Allgemeine Relativitätstheorie mit der Quantentheorie verbindet, den Fehler aufdeckt. Doch diese „Weltformel" ist noch Zukunftsmusik.

Hawking, dem es selbst vor den Geistern grauste, die er rief, blieb lange hartnäckig. Er wettete sogar mit dem Physiker John Preskill darauf, dass Informationen in Schwarzen Löchern verloren gehen. Wetteinsatz war eine Enzyklopädie, „woraus Informationen willentlich entnommen werden können", wie in dem Abkommen mit hintersinnigem Humor geschrieben steht, das 1997 besiegelt wurde. Das hinderte Hawking aber nicht daran, selbst nach Auswegen aus dem Paradoxon zu suchen. 1988 spekulierte er beispielsweise, dass die im Schwarzen Loch verschwundenen Informationen in ein anderes Universum gelangen. Denn das Zentrum eines Schwarzen Lochs sollte ebenso wenig eine Singularität darstellen wie der Urknall; vielmehr könnte es sich zu einem Paralleluniversum ausstülpen. Hawking mutmaßte auch darüber, dass die anderen Universen mit unserem wechselwirken. Dabei könnten sie sogar rätselhafte Werte von Naturkonstanten verständlich machen (besonders die ominöse Kosmologische Konstante in Einsteins Allgemeiner Relativitätstheorie, für deren geringeren Wert es keine plausible Erklärung gibt). Doch wenn andere Universen in unseres hineinregieren, dann wird es schwierig mit der eigenen Haushaltsbilanz. Daher ist es inzwischen recht still um diese Überlegungen geworden. Fast könnte man vermuten, sie sind verschämt unter den Teppich gekehrt worden – oder in ein Baby-Universum unliebsamer Gedanken ...

Wenn sich im Zentrum eines Schwarzen Lochs ein neues
Universum bildet, könnte das den Urknall erklären – und
das Schicksal der eingestürzten Materie. Das Baby-Universum müsste sich allerdings abnabeln und groß werden.

Seit Hawkings These von 1975 haben Physiker das Informationsparadoxon intensiv und mit großem Scharfsinn diskutiert. Bis heute sind
fast 1000 wissenschaftliche Artikel zu dem Rätsel publiziert worden.
Lösungsvorschläge gibt es viele, doch keinen Konsens.

Die meisten Experten glauben nicht an eine Informationsvernich-
tung. Manche meinen, die verschluckte Materie muss – wenn auch
extrem zerschreddert – wieder zum Vorschein kommen, wenn sich
der Ereignishorizont lüftet wie ein zurückgezogener Theatervorgang.
Mitunter wurde auch ein hochverdichtetes Informationskristall im
Zentrum eines Schwarzen Lochs vermutet, das wie ein unerbittliches
Gedächtnis alles gespeichert hat. Andere Forscher denken hingegen, dass die Informationen mit der Hawking-Strahlung wieder dem
Schwerkraftschlund entrinnen. Die wäre dann nicht rein thermisch,
also zufällig, wie Hawking annahm. Stattdessen müssten in ihr die
einst verschlungenen Informationen gespeichert sein ähnlich wie in
der Wärme und Asche noch der Inhalt dieses Buches präsent wäre,
wenn man es verbrennen würde. Auch über „Quantenbeamen" und
Informationskopien auf dem Horizont wurde spekuliert.

Hawkings Überlegung, dass Informationen – also physikalische Eigenschaften – der Materie und Energie unwiderruflich vernichtet werden, wenn sie in ein Schwarzes Loch geraten, hat für heftige Diskussionen unter Physikern gesorgt. Die Situation ist nach wie vor extrem umstritten, obwohl Hawking seine Auffassung inzwischen geändert hat. Er meint nun, dass die Informationen wieder aus Schwarzen Löchern entkommen, wenn diese verdampfen, oder sogar in deren Umgebung erhalten bleiben. Damit müsste aber ein physikalischer Lehrsatz revidiert werden, demzufolge Schwarze Löcher keine „Haare" haben.

2004 widerrief Hawking auf einer Relativitätstheorie-Konferenz in Dublin überraschend seine ursprüngliche Auffassung. Und er versuchte zu zeigen, dass Schwarze Löcher Informationen doch nicht für immer vernichten können, sie aber auch nicht in ein Paralleluniversum entfleuchen.

„Es tut mir leid, die Fans von Science Fiction enttäuschen zu müssen. Aber wenn die Informationen erhalten bleiben, gibt es keine Möglichkeit, mit Hilfe Schwarzer Löcher in andere Universen zu reisen. Wenn man in ein Schwarzes Loch springt, wird – allerdings verstümmelt – die Masse und Energie in unser Universum zurückkehren, die die Informationen darüber enthält, was man war, wenn auch in einem nicht wiedererkennbaren Zustand."

Die neue Argumentation war unausgegoren, kompliziert und für viele Kollegen sogar unverständlich. Doch im Anschluss an seinen Vortrag ließ Hawking ein dickes Buch auf die Bühne bringen – eine Baseball-Enzyklopädie – und unter stürmischem Beifall an John Preskill überreichen. Hawking hatte seine Wette von 1997 tatsächlich verloren gegeben.

Damit war das Informationsparadoxon aber noch nicht erledigt. Auch nicht für Hawking.

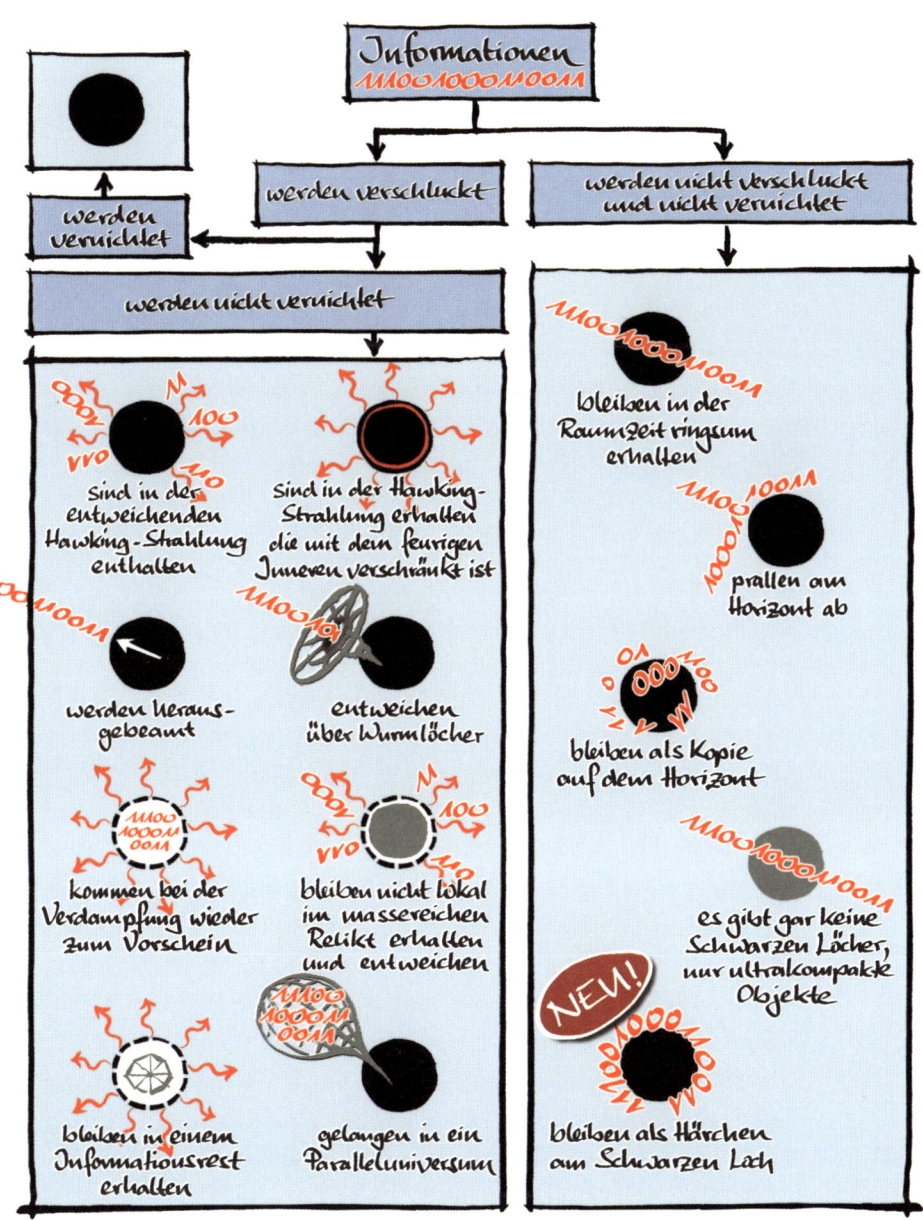

Schwarze Löcher mit Chaos und weichen Haaren

Im Jahr 2013 wandte sich Hawking erneut dem Informationsparadoxon zu und veröffentlichte 2014 einen kurzen Artikel mit dem eigenartigen Titel „Informationserhaltung und Wettervorhersage für Schwarze Löcher". Darin bezweifelte er, dass es überhaupt Ereignishorizonte gibt, was gewissermaßen die Existenz Schwarzer Löcher in Frage stellte. Das sorgte für Verwirrung, obwohl Hawking das Vorkommen scheinbarer Horizonte nicht bestritt, hinter denen die Informationen der einstürzenden Materie verschwinden. Nur sollten diese Informationen wieder zum Vorschein kommen, wenn sich die Horizonte mit der Verdampfung der Schwarzen Löcher auflösen.

„Die Abwesenheit von Ereignishorizonten bedeutet, dass es keine Schwarzen Löcher gibt – im Sinn von Bereichen, aus denen Licht nicht ins Unendliche entkommen kann. Es gibt jedoch scheinbare Horizonte, die für eine gewisse Zeit bestehen bleiben. Das heißt, dass Schwarze Löcher neu definiert werden sollten als metastabile gebundene Zustände des Gravitationsfelds."

Vielleicht hätte er besser sagen sollen: Schwarze Löcher sind auch nicht mehr das, was sie einmal waren – oder zu sein schienen. Ohne Ereignishorizont ist auch die Annahme von manchen theoretischen Unerquicklichkeiten passé, die Physiker in den letzten Jahren diskutiert haben, um das Informationsparadoxon zu lösen: beispielsweise zentralen Informationskernen, die beim Verdampfen übrig bleiben könnten, vernichtenden Feuerwänden direkt hinter dem Horizont oder Informationskopien auf ihm. Kurzum: Die Informationen sollten in der Raumzeit weiter existieren, wenn auch in einer unvorhersagbaren, weil chaotischen Form wie beim Wetter – was die seltsame Überschrift des Artikels erklärt.

Wenn Schwarze Löcher kleine Härchen besitzen, sind die Informationen der in sie hineinstürzenden Materie nicht für immer verloren.

Wie die informationserhaltende Zerstrahlung genau geschehen könnte, blieb aber unklar. Doch Hawking gab nicht auf. 2015 hielt er einen Vortrag in Stockholm, in dem er eine neue Idee vorstellte, um das Informationsparadoxon zu lösen – und auf seine vorige Arbeit nicht mehr zurückgriff.

„Schwarze Löcher sind nicht die ewigen Gefängnisse, wie man immer dachte. Dinge können einem Schwarzen Loch entrinnen, sowohl nach außen als möglicherweise auch in ein anderes Universum. Ich schlage nun vor, dass die Informationen nicht im Inneren des Schwarzen Lochs gespeichert sind, wie man erwarten könnte, sondern auf seiner Grenze, dem Ereignishorizont. Wenn Sie fühlen, in einem Schwarzen Loch zu sein, geben Sie nicht auf. Es gibt einen Weg hinaus."

In einem Artikel mit Malcolm Perry und Andrew Strominger führte er die Hypothese 2016 weiter aus. Noch ist vieles unklar und unvollständig, doch weitere Publikationen sollen folgen. Die Grundidee besteht darin, dass es um ein Schwarzes Loch verschiedene Vakuumzustände geben kann – sozusagen Eigenschaften des leeren Raums –, die sich ändern, wenn etwas hindurchfällt. Diese Zustände sollten die einstürzenden Informationen speichern. Damit wird eine Voraussetzung des Informationsparadoxons bestritten, sodass die ursprüngliche Argumentation nicht mehr zwingend ist.

Wie die Informationen wieder in der Hawking-Strahlung zum Vorschein kommen, die dann nicht rein zufälliger Natur sein könnte, ist noch ungeklärt. Letztlich meinen Hawking und seine Kollegen jedenfalls, dass ein Schwarzes Loch doch eine winzige Form von „weichen Haaren" besitzt – also Eigenschaften, die etwa in Form von energielosen Teilchen (Photonen und Gravitonen) gespeichert werden. (Darüber hatten Physiker schon in den 1960er-Jahren spekuliert.)

„Die Information über die eingestürzten Teilchen kommen wieder aus dem Schwarzen Loch hervor, aber in einer stark zerschredderten, chaotischen und nutzlosen Form. Das löst das Informationsparadoxon. Für alle praktischen Zwecke sind die Informationen jedoch verloren."

Falls Schwarze Löcher Informationen nicht vernichten – und das letzte Wort ist in dieser Sache noch nicht gesprochen –, dann lassen sie sich trotzdem nicht wiederherstellen. Man kann also keine gefälschten Rechnungen rekonstruieren, die ein gerissener Politiker in einer finsteren Schwerkraftfalle versenkt hat, um einen Spendenskandal zu vertuschen. Die Wahrscheinlichkeit ist extrem gering, dem Betrüger auf diese Weise auf die Schliche zu kommen. Doch wenn die Informationen eines Tages wieder aus dem verdampfenden Schwarzen Loch herauskämen, bliebe wenigstens dem Universum die Schandtat nicht verborgen und ließe sich streng genommen somit auch niemals aus der Welt schaffen.

Hawking-Quiz

1. Warum sind Schwarze Löcher nicht ganz schwarz?

☐ a. Weil Hawking nicht will, dass Gott würfelt

☐ b. Weil ihre Masse nur in ihrer Singularität sitzt

☐ c. Weil sie aufgrund von Quanteneffekten zerstrahlen

2. Wie schwer wäre ein Schwarzes Loch, das heute verdampft?

☐ a. So schwer wie ein Atom

☐ b. So schwer wie ein Berg

☐ c. So schwer wie der Mond

3. Welchen Wetteinsatz gab Hawking verloren?

☐ a. Eine Baseball-Enzyklopädie

☐ b. Dunkle Zartbitterschokolade

☐ c. Ein Schwarzes Miniloch

4. Warum ist das „Informationsparadoxon" ein Problem?

☐ a. Weil die Hawking-Strahlung zufällig ist

☐ b. Weil Schwarze Löcher nicht ohne Rest verdampfen

☐ c. Weil der Energieerhaltungssatz verletzt wäre

5. Wie lautet Hawkings jüngste Idee?

☐ a. Informationen gelangen in ein Paralleluniversum

☐ b. Schwarze Löcher haben Härchen

☐ c. Schwarze Löcher hinterlassen ein informatives Relikt

Lösungen: 1c, 2b, 3a, 4c, 5b

ZUKUNFT UND ZEITREISEN

 „Warum muss es die Zeitrichtung überhaupt geben? Warum erinnern wir uns an die Vergangenheit, aber nicht an die Zukunft?“

Viele Menschen lassen sich von einer Funkuhr wecken, hetzen beim Frühstück und kommen dann doch zu spät zur Arbeit. Dort langweilen sie sich in endlosen Sitzungen und überziehen mitunter die Mittagspause. Sie werden von den Terminen der Steuererklärung oder des TÜV bedrängt, können den Feierabend kaum abwarten, stehen aber ewig im Stau und wundern sich, warum beim Schach, einem guten Buch oder dem Abenteuerurlaub immer alles so schnell vorbei ging. Die Zeit gleicht einem ständigen Begleiter, dennoch weiß niemand so recht, was genau sie eigentlich ist. Woher kommt sie und wohin fließt sie? Kann sie sich umdrehen? Sind Reisen in die ferne Zukunft oder Vergangenheit möglich, und könnte man dann sogar Fehler ungeschehen machen oder die Lottozahlen des kommenden Monats heute schon wissen?

Stephen Hawking dachte über die Rätsel der Zeit so intensiv nach wie kaum ein anderer. Dabei hat er nicht nur eine „Vermutung zum Schutz der Zeitordnung“ formuliert, sondern auch seinen größten Fehler begangen.

Die Macht der Unordnung

Wer sieht, wie sich aus Kompost ein roter Apfel formt, aus einer Kaffeetasse Milchtropfen in die Höhe hüpfen und aus Splittern am Boden ein Glas aufersteht, der fühlt sich wohl im falschen Film – oder betrachtet einfach einen solchen, der rückwärts läuft. Denn alle komplexen Vorgänge in der Natur sind unumkehrbar. Selbst sich wiederholende Prozesse wie die Jahreszeiten oder der Mondlauf sind eingebettet in irreversible Entwicklungen. Deswegen ist es auch viel unwahrscheinlicher, dass etwas entsteht und sich weiterentwickelt, als dass es zu Schutt und Asche wird.

Chaos übertrifft die Ordnung also bei weitem. Dies lässt sich sogar physikalisch exakt beschreiben – mit der Entropie, dem Maß für die Unordnung eines Systems. Für einen kompakten Milchtropfen im Kaffee gibt es beispielsweise viel weniger Möglichkeiten, wie sich seine Moleküle anordnen können, als für eine gute und damit ungeordnete Durchmischung.

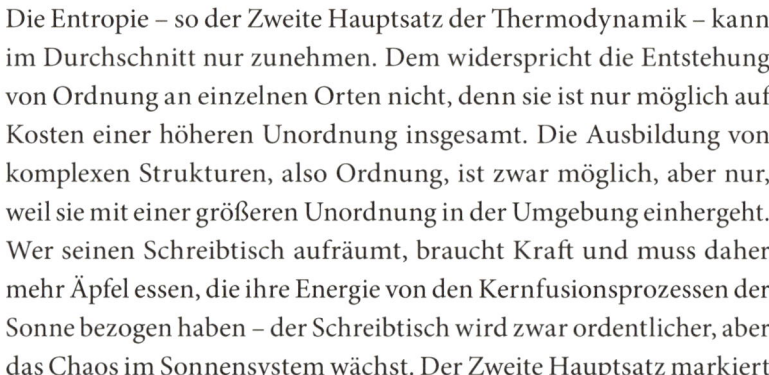

„Die Unordnung wächst mit der Zeit, weil wir die Zeit in der Richtung messen, in der die Unordnung wächst."

Die Entropie – so der Zweite Hauptsatz der Thermodynamik – kann im Durchschnitt nur zunehmen. Dem widerspricht die Entstehung von Ordnung an einzelnen Orten nicht, denn sie ist nur möglich auf Kosten einer höheren Unordnung insgesamt. Die Ausbildung von komplexen Strukturen, also Ordnung, ist zwar möglich, aber nur, weil sie mit einer größeren Unordnung in der Umgebung einhergeht. Wer seinen Schreibtisch aufräumt, braucht Kraft und muss daher mehr Äpfel essen, die ihre Energie von den Kernfusionsprozessen der Sonne bezogen haben – der Schreibtisch wird zwar ordentlicher, aber das Chaos im Sonnensystem wächst. Der Zweite Hauptsatz markiert

Der aufgeräumte Schreibtisch hat seinen Preis. Ordnung
ist nämlich nur möglich auf Kosten einer größeren Unordnung in der Umgebung.

daher die Richtung der Zeit. Sie „fließt" zur insgesamt größeren Entropie; alles strebt der Unordnung entgegen.

Doch das ist nicht die Lösung des Problems der Zeitrichtung,
sondern sein Kern. Denn alle bekannten fundamentalen Naturgesetze sind zeitsymmetrisch: Sie enthalten keine bevorzugte Zeitrichtung und unterscheiden nicht zwischen Zukunft und Vergangenheit.
Jeder Prozess könnte also auch umgekehrt ablaufen. Warum aber tut
er es nicht?

Man kann diese Frage als unsinnig zurückweisen, wenn man
sich an die Thermodynamik hält und die Zeitrichtung mit dem

Entropiewachstum gleichsetzt. Doch die Entwicklungen könnten ja auch abwechselnd vorwärts und rückwärts gehen – oder überhaupt nicht stattfinden. Die Entropie ist also keine Lösung, wie auch Hawking betont hat. Der „Fluss" der Zeit bleibt ein Rätsel. Niemand weiß, wohin er führt, woraus er entspringt und warum er überhaupt existiert.

theg sträwkcür tieZ eid nneW

Viele Kosmologen und Physiker, darunter Hawking, sehen einen engen Zusammenhang zwischen der Zeitrichtung und der Ausdehnung des Weltraums. In den besten Modellen der Quantenkosmologie kommt die Zeit als fundamentale Größe überhaupt nicht mehr vor – sie taucht als eigenständiger physikalischer Parameter in den Gleichungen gar nicht auf. Hier zeigt die kosmische Expansion quasi die Zeitrichtung an und erweitert vielleicht sogar den Spielraum für die Zunahme der Entropie. Diese Verbindung zwischen der Expansion des Universums und der Zeitrichtung gilt auch für Hawkings Modelle.

Kann die Zeit rückwärts laufen?
Dann würde der Sand in einer Sanduhr emporsteigen und Sterne nähmen ihr Licht wieder auf.

 „Was geschähe, wenn das Universum in seiner Ausdehnung innehielte und anfinge, sich zusammenzuziehen?"

Diese Frage stellte sich Hawking bereits Anfang der 1980er-Jahre. Schon zuvor war spekuliert worden, dass sich der Zeitpfeil umkehren könnte, wenn der Weltraum in ferner Zukunft schrumpft statt expandiert. Ein solcher Kollaps zu einem Endknall erscheint unvermeidlich, falls die Gesamtmasse des Universums einen kritischen Wert übersteigt oder Einsteins Kosmologische Konstante negativ ist. Zwar sprechen die astronomischen Beobachtungen der letzten Jahre gegen beides, aber die Kollaps-Möglichkeit wird sich vermutlich niemals völlig ausschließen lassen.

Unabhängig davon, ob der Endknall kommen wird oder nicht: Die Erforschung der Konsequenzen eines in sich zusammenstürzenden Universums hat für das Verständnis der Zeit eine große Bedeutung. Falls der Zweite Hauptsatz der Thermodynamik seine Richtung in einem kontrahierenden Universum umkehrt, würde eine Art Epoche der Wunder eintreten! Aus der heutigen Perspektive liefe Strahlung in Sternen zusammen, Äpfel bildeten sich in Komposthaufen und stiegen zu den Bäumen empor, Menschen würden aus ihrer Asche auferstehen, immer jünger werden und schließlich im Mutterleib verschwinden.

 „Das würde für die Menschen, die die Kontraktionsphase noch erleben, eine Fülle Science-Fiction-artiger Möglichkeiten eröffnen. Würden sie beobachten, wie sich die Scherben von Tassen auf dem Fußboden zusammenfügen und auf den Tisch zurückspringen? Würden sie sich an die Aktienkurse von morgen erinnern und ein Vermögen an der Börse verdienen können?"

Tatsächlich kam Hawking 1985, nachdem er mit James Hartle seine Keine-Grenzen-Bedingung zur Urknall-Erklärung vorgeschlagen hatte, zu der Überzeugung, dass sich der thermodynamische Zeitpfeil in seinem Modell umkehrt und die Zeit rückwärts läuft, wenn sich der Weltraum zusammenzieht.

Hawkings größter Fehler

Doch die meisten Kosmologen waren nicht von Hawkings Ansicht überzeugt. Roger Penrose brachte schon früh gewichtige Argumente vor, warum ein Endknall ganz anders als der Urknall ist und eine maximale Entropie besitzt. (Das Gleiche gilt für Schwarze Löcher.) Direkt nach dem Urknall muss der Raum sehr homogen, glatt oder flach gewesen sein, kurz vor dem Endknall wäre er aufgrund der vielen Schwarzen Löcher jedoch extrem ungleichförmig oder gekrümmt. Hawkings Modell wurde heftig kritisiert. Das ist nicht bösartig, sondern der normale Gang der Wissenschaft: Nur so sind beständige Überprüfungen und Verbesserungen möglich.

Einer der Kritiker war Don N. Page. Nach seiner Dissertation, bei der Hawking Zweitgutachter war, kam Page für einige Jahre aus den USA nach Cambridge und wohnte bei Hawking und dessen Familie, um ihn zu unterstützen. Page sah keinen überzeugenden Grund für eine kosmologische Zeitumkehr und meinte, Hawking sei von zu stark vereinfachten Annahmen ausgegangen.

Hawking war skeptisch und setzte seinen Studenten Raymond Laflamme auf das Problem an. Dessen Berechnungen widersprachen Hawkings Auffassung aber ebenfalls. Über viele Wochen diskutierten die beiden ihre Modellrechnungen, dann mischte sich auch Page ein. Zusammen mit Laflamme konnte er Hawking schließlich von dessen Irrtum überzeugen.

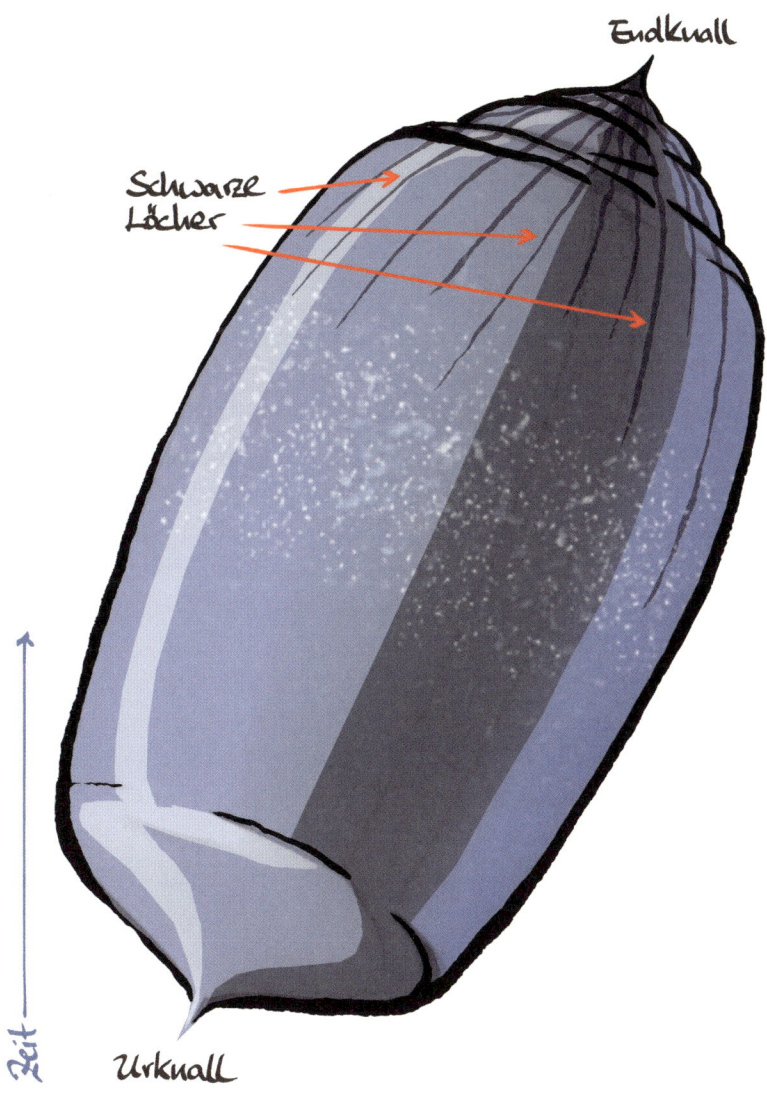

Endknall

Schwarze
Löcher

Zeit

Urknall

Falls das Universum in einem Endknall vergeht, ist es
davor viel ungleichförmiger als kurz nach dem Urknall.

„Ich hatte meinen größten Fehler begangen, zumindest meinen größten Fehler in der Physik. Es stellte sich heraus, dass ich von einem zu einfachen Modell des Universums ausgegangen war. Die Zeit wird sich nicht umkehren, wenn das Universum in die Kontraktionsphase eintritt. Die Menschen werden auch weiterhin älter werden, so dass es zwecklos ist, auf den Kollaps des Universums zu warten in der Hoffnung, zu seiner Jugend zurückzukehren."

Laflamme erhielt 1988 seinen Doktortitel. 1993 publizierte Hawking mit ihm und Glenn W. Lyons den ausführlichen Nachweis, dass die Zeit sich nicht umdrehen kann.

Hypothetische Astronomen der Zukunft werden also beobachten, wie sich Galaxien immer näher kommen und die Temperatur des Weltraums steigt. Schwarze Löcher werden jedoch weiter Materie verschlingen und dabei ständig wachsen, bis sie im finalen Stadium des Universums verschmelzen und immer mehr Raum einnehmen. Der Endknall wäre somit kein Spiegelbild des gleichförmigen Urknalls, sondern extrem inhomogen – mit einer durch Schwarze Löcher und andere Gravitationseffekte gleichsam völlig zerknitterten Raumzeit. (Wenn die Materiedichte des Universums so hoch ist, dass es zum Endknall kommt, müsste sich dieser in einigen Dutzend bis 100 Milliarden Jahren ereignen – also lange bevor die Schwarzen Löcher verdampfen.) Auch die Entropie würde bis zum Schluss wachsen, denn ihr größter Anteil steckt in den Schwarzen Löchern.

„Was soll man tun, wenn man feststellt, dass man einen solchen Fehler begangen hat? Manche Menschen geben nie zu, dass sie Unrecht haben, und finden ständig neue, oft sehr widersprüchliche Argumente, um ihren Standpunkt zu vertreten. Mir erscheint es weit besser und klarer, wenn man schwarz auf weiß zugibt, dass man sich geirrt hat."

Hawking beim Pokern.

Denken auf Vorrat

Stephen Hawking mag Science Fiction. Er tauchte sogar als Gast in einer Folge der beliebten TV-Serie *Raumschiff Enterprise – Das nächste Jahrhundert* auf. Dort pokerte er auf dem Holodeck mit Isaac Newton, Albert Einstein und dem Androiden Data – und gewann.

Auch andere renommierte Physiker sind von der Science Fiction begeistert, denn diese ist mehr als originelle Unterhaltung. Dafür gibt es viele Beispiele, und mit einigen von ihnen hat sich Hawking streng wissenschaftlich beschäftigt. Dabei steht nicht im Vordergrund, was realistisch oder gar machbar ist, sondern was im Rahmen der Naturgesetze möglich wäre.

Doch was ist physikalisch möglich? Lässt sich die von der Speziellen Relativitätstheorie aufgestellte „Lichtmauer" durchbrechen, sodass man überlichtschnelle Spritztouren durch den Weltraum unternehmen könnte? Gibt es sogar Schlupflöcher – Abkürzungen durch die Dimensionen und Pforten zu anderen Universen? Sind Zeitreisen machbar, Flüge in die fernste Zukunft oder Vergangenheit? Könnten Zeitarchitekten gar eine neue, bessere Zukunft erschaffen?

„Science Fiction wie *Star Trek* ist nicht nur Unterhaltung, sondern erfüllt auch einen ‚ernsten‘ Zweck: Sie erweitert die menschliche Vorstellungskraft. Die Verbindung zwischen Science Fiction und Wissenschaft führt in beide Richtungen. Die von der Science Fiction entworfenen Ideen gehen ab und zu in wissenschaftliche Theorien ein. Und manchmal bringt die Wissenschaft Konzepte hervor, die noch seltsamer sind als die exotischste Science Fiction.“

Physik ist – wie Philosophie – mehr als nur ein Katalog von Tatsachen und Naturgesetzen. Zumindest zur Grundlagenforschung zählen auch Neugierde, das freie Spiel der Vorstellungen und eine Art Denken auf Vorrat. Denn Wissenschaft ist kein bürokratischer Verwaltungsjob nach eingefahrenen Regeln in der Knechtschaft eines Großraumbüros (auch wenn Politiker, Manager und Controller das vielleicht gerne hätten), sondern ein kreativer Prozess. Viele bahnbrechende – und inzwischen teilweise wirtschaftlich lukrative – Entdeckungen sind quasi am Schreibtisch gemacht worden, auf Spaziergängen oder in Cafeteria-Gesprächen mit Berechnungen auf Papierservietten.

So haben Wissenschaftler zum Beispiel Antimaterie und Supraleitung, Radiostrahlung und Gravitationswellen, Neutronensterne und Schwarze Löcher, Neutrinos und andere exotische Elementarteilchen sowie die Kosmische Hintergrundstrahlung vom Urknall und die ominöse Dunkle Energie ersonnen, lange bevor man sie nachweisen konnte – oder überhaupt erst auf die Idee kam, danach zu suchen.

Auch Geistesblitze beim Kaffeetrinken sind Momente der Ordnung. Manche erklären sogar die Welt.

Wurmlöcher und Quantenschaum

Raum und Zeit sind nicht kontinuierlich, glatt und beliebig unterteilbar, sondern müssen auf allerkleinsten Maßstäben ruckartig verlaufen. Sie sollen nach den Vorstellungen der Wissenschaftler eine schaumartige oder körnige Struktur aufweisen – ähnlich wie ein Bild, das aus der Nähe betrachtet nicht mehr ein Ganzes ist, sondern sich aus einzelnen Rasterpunkten zusammensetzt. Wie auch das Licht, das auf kleinsten Maßstäben aus Photonen besteht, sind Raum und Zeit gequantelt. Das gehört zu den wichtigsten Erkenntnissen der noch in den Kinderschuhen steckenden Quantengravitationstheorien. Sie sollen die Relativitäts- und die Quantentheorie miteinander vereinen. Bei Längen um 10^{-33} Zentimeter und Zeiten um 10^{-43} Sekunden – die Planck-Skala – ist das Vakuum kein einfacher leerer Raum mehr, sondern ein brodelndes Meer verschiedener Geometrien.

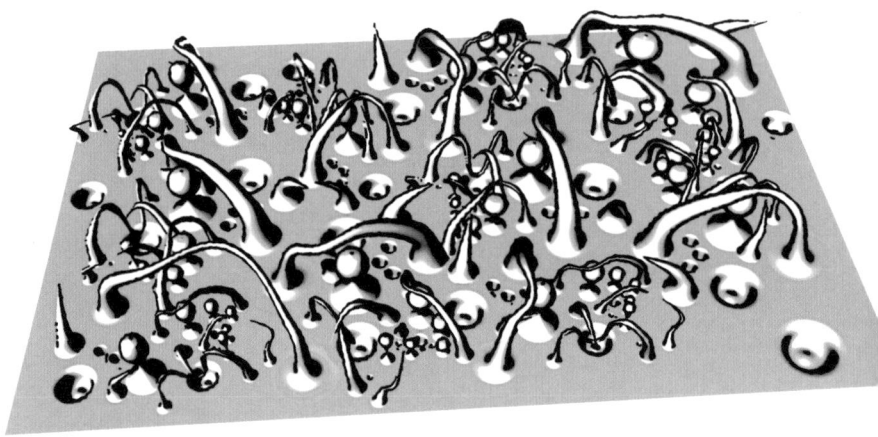

Im kleinsten physikalisch möglichen Maßstab, der
Planck-Skala, sind Raum und Zeit nicht mehr kontinuier-
lich und glatt, sondern wabern in wilden Geometrien.
Dieser Quantenschaum könnte submikroskopische
Wurmlöcher enthalten.

(Die Planck-Skala geht auf eine Idee zurück, die Max Planck schon
1899 hatte: Eine geschickte Kombination dreier Naturkonstanten –
Gravitationskonstante, Lichtgeschwindigkeit und Planck'sches Wirkungsquantum – ergibt nämlich physikalische Einheiten, die nicht
von rein konventionellen Größen wie „Meter" abhängen.) Das Quantenvakuum wirft gleichsam Blasen, schnürt vielleicht sogar Baby-Universen ab, ist von virtuellen Schwarzen Löchern durchbohrt
und wimmelt womöglich von winzigen Wurmlöchern. Sie entstehen
und vergehen ständig auf dieser kleinsten Skala der Natur infolge
quantenphysikalischer Ereignisse, meinen Hawking und andere Physiker.

Das klingt äußerst abenteuerlich. Doch vielleicht lässt sich ein
Weg finden, ein solches Gebilde zu einem befahrbaren Wurmloch
aufzublasen (etwa mit dem Mechanismus der Kosmischen Inflation).

Auch ist es denkbar, dass sich große Wurmlöcher bereits mit dem Urknall gebildet haben und sich irgendwo im All befinden; oder dass man mit fortgeschrittener Technologie Wurmlöcher in die Raumzeit knoten oder schneiden kann; oder dass sich Schwarze Löcher zu Wurmlöchern umgestalten lassen, denn beide sind aus physikalischer Sicht eng miteinander verwandt.

Wurmlöcher sind Tunnel durch die Raumzeit und vielleicht sogar Tore zu anderen Universen. Sie lassen sich theoretisch als kosmische Abkürzungen nutzen: So könnte ein Wurmloch vielleicht einen Wochenendausflug zum 8,6 Lichtjahre fernen Stern Sirius ermöglichen, während ein fast lichtschneller Raumfahrer dorthin neun Jahre lang unterwegs wäre. Die Allgemeine Relativitätstheorie beschreibt ein Wurmloch als extreme Krümmung der – hier wie eine zweidimensionale Gummischicht dargestellten – Raumzeit, durch die eine Reise viel kürzer wäre als der normale Weg „außen herum".

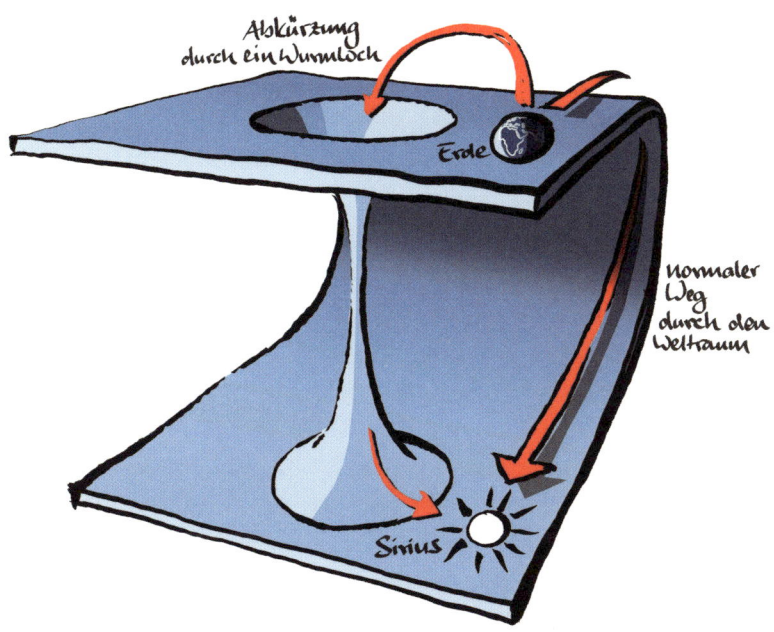

In der Science Fiction spielen Wurmlöcher eine wichtige Rolle für Reisen zu anderen Sternen, doch diese Ideen kommen ursprünglich aus der Relativitätstheorie. Auch Albert Einstein hatte darüber nachgedacht (den Begriff „Wurmloch" prägte aber erst 1957 John Wheeler). Wie sie sich als kosmische U-Bahnen nutzen lassen, wurde jedoch erst in den 1980er-Jahren berechnet. Tatsächlich können Wurmlöcher im Prinzip überlichtschnelle Flüge ermöglichen. Aber nicht, indem sie die „Lichtmauer" der Speziellen Relativitätstheorie durchbrechen, sondern indem Reisende durch ein Wurmloch eine kosmische Abkürzung nutzen. Das ist gemäß der Allgemeinen Relativitätstheorie tatsächlich erlaubt und in ihrem Rahmen überhaupt erst realisierbar – allerdings nicht so einfach. Denn um das Wurmloch offen zu halten und den Schlund gegen Störungen zu stabilisieren, bedarf es extremer Kräfte.

Am geeignetsten wäre exotische Materie mit der seltsamen Eigenschaft einer negativen Masse: Sie wäre gravitativ abstoßend anstatt anziehend. Niemand weiß, ob sie existiert oder erzeugt werden kann. „Negative Energie" ist allerdings kein Hirngespinst, sondern wurde bereits im Labor gemessen. Dazu muss man das „Brodeln" des Vakuums etwas unterdrücken – was mit zwei parallel ausgerichteten Spiegeln in winzigem Abstand gelingt. (Im Umkehrschluss führt die Hawking-Strahlung, die ein Schwarzes Loch abgibt, dazu, dass es negative Energie aufnimmt.) Obwohl Quanteneffekte also negative Energie hervorbringen können, geschieht das nur sehr eingeschränkt: Je größer die negative Energiedichte, desto kleiner ihre zeitliche oder räumliche Ausdehnung und umso größer die positive Energie als Gegenstück. Physiker bezeichnen die Rückgabe des Energiedarlehens sogar als Quantenzins. Und den treibt die Natur unerbittlich ein. Man kann somit getrost auf ihren Gesetzen bauen – vielleicht sogar Wurmlöcher als Tunnel durch Raum und Zeit, und dies möglicherweise selbst in Paralleluniversen hinein oder in die Vergangenheit.

Ist die Zeit eine Einbahnstraße?

Stephen Hawking ist kein Freund von Zeitreisen, das heißt von Zeitschleifen in der Natur. Denn sie würden womöglich die Beziehung
von Ursachen und Wirkungen durcheinander bringen – also zu logischen Widersprüchen beziehungsweise Zeitparadoxien führen.
Beispielsweise könnte ein depressiver Zeitreisender beschließen, sich
selbst zu töten, als er ein Baby war; gelänge dies, dann könnte er die
Zeitreise aber gar nicht unternehmen, bliebe somit jedoch am Leben,
würde wiederum in die Zeitmaschine steigen und so weiter ...

„Man sollte den Physikern Gelegenheit geben, diese Frage
zu erörtern, ohne sie höhnisch auszulachen. Selbst wenn
sich herausstellen sollte, dass Zeitreisen unmöglich sind,
wäre es wichtig zu wissen, warum das so ist."

Bereits 1973 haben Hawking und George Ellis eine logische Kritik an
der Vorstellung von Zeitreisen formuliert: (1) Ein Zeitreisender existiert schon, bevor er die Zeitreise unternimmt. (2) Alle physikalischen
Objekte haben eine kontinuierliche Existenz. (3) Zeitreisen in die
Vergangenheit sind möglich. (4) Ein Zeitreisender, der in die Vergangenheit reist, könnte sich in dieser davon abhalten, die Zeitreise überhaupt zu unternehmen.

Um den Widerspruch – also das in (4) formulierte Zeitparadoxon
– aufzulösen, der aus diesen vier Annahmen folgt, kann laut Hawking
und Ellis nur (3) falsch sein. Das ist jedoch nicht zwingend. Denn die
Hypothese einer Zeitmaschine könnte Prämisse (2) verneinen. Auf
deren Wahrheit zu bestehen, hieße dann einfach, das Problem ohne
gute Begründung zurückzuweisen. Ein weiteres Problem: Annahme
(4) ist nicht notwendig und allgemeingültig wahr beziehungsweise
die Bedeutung von „können" ist mehrdeutig. So „kann" ein normaler

Mensch unter normalen Umständen einen Marathonlauf in zehn Minuten nicht absolvieren, aber viele „können" ihn in zehn Stunden schaffen – doch sie „können" es nicht, wenn sie gefesselt sind oder einen Kilometer vor dem Ziel keine Lust mehr haben und abbrechen.

Ob sich Zeitreisen also rein logisch ausschließen lassen, ist sehr fraglich. Und die Erfahrung hat häufig gezeigt, dass nachweislich vieles möglich ist, was dem Alltagsverstand widerspricht. Aus naturwissenschaftlicher Perspektive ist es daher wichtig, vorurteilsfrei und neugierig Hypothesen zu entwickeln und kritisch zu prüfen – nicht aber, sie von vornherein abzulehnen. Hawking sieht es ähnlich und hat inzwischen auch von logischen Einwänden gegen Zeitreisen Abstand genommen.

Vermutung zum Schutz der Zeitordnung

Trotzdem ist Hawking davon überzeugt, dass Zeitreisen in der Natur nicht vorkommen. 1992 formulierte er sogar eine „Vermutung zum Schutz der Zeitordnung". Damit postulierte er die Erhaltung der Zeitrichtung, also die Unmöglichkeit von Zeitmaschinen:

„Die Naturgesetze verhindern in ihrem Zusammenwirken, dass makroskopische Körper Informationen in die Vergangenheit tragen können."

Zwar erlaubt die Quantentheorie Zeitreisen für Teilchen auf einer mikroskopischen Skala, wie Hawking meint. Aber die Wahrscheinlichkeit solcher winzigen Zeitschleifen ist außerordentlich gering und hat keine beobachtbaren Konsequenzen für den Alltag. Die Chance, dass jemand in die Vergangenheit reisen und sich selbst oder einen seiner Ahnen umbringen könnte, sei vernachlässigbar klein (nur

Wissen aus der Zukunft wäre eine seltsame Zeitparado-
xie. So könnte ein einfallsloser Maler ein Bild aus einem
künftigen Katalog seiner Werke abmalen und durch dieses berühmt werden.

etwa 1 zu 10^{60}). Deshalb bliebe die Welt für die Geschichtswissen-
schaft in Ordnung.

In der Fachliteratur existieren bereits über 200 Artikel, die sich
mit den technischen Feinheiten und der Überzeugungskraft von
Hawkings Vermutung auseinandersetzen und sie anhand von Fall-
studien überprüfen.

Gibt es Wurmloch-Zeitmaschinen?

Die am besten untersuchten Modelle für Zeitmaschinen sind Wurmlöcher. Im Rahmen der Allgemeinen Relativitätstheorie lassen sich
mit ihnen eindeutig Zeitschleifen erzeugen, wie seit 1988 vielfach
berechnet wurde. Im Prinzip genügt es bereits, einen Schlund relativ
zum anderen rasch zu bewegen oder in die Nähe einer starken
Schwerkraftquelle zu bringen, etwa in die Umgebung eines Neutronensterns oder Schwarzen Lochs. Dann kommt es zu einer Zeitdeh-

nung, weil Uhren mit großer Geschwindigkeit und im Gravitations-feld langsamer gehen. Sie ticken im Wurmloch also anders als im äußeren Universum. Je nachdem, in welche Richtung man nun das Wurmloch durchfliegt, kann man daher in die eigene Vergangenheit oder Zukunft gelangen. (Allerdings ist es unmöglich, in eine Vergangenheit zu reisen, die weiter als der Zeitpunkt zurückliegt, an dem das Wurmloch erstmals als Zeitmaschine eingesetzt wurde.)

Solche Wurmloch-Zeitreisen unterscheiden sich in zwei Aspekten von den üblichen Zeitmaschinen in der Science Fiction: Wurmloch-Zeitmaschinen bewegen sich nicht durch die Zeit, sondern sind ein Teil der kosmischen Architektur selbst. Und anstatt die Zeit selbst vor- oder zurückzuspulen, ohne den eigenen Ort zu verlassen, bricht der Wurmloch-Zeitreisende zu einem Flug durch den Weltraum auf, der in seiner Vergangenheit oder Zukunft endet.

Die entscheidende Frage ist nun, ob die Relativitätstheorie bei diesen extremen physikalischen Situationen noch zutrifft, oder ob Quanteneffekte die Zeitschleifen unpassierbar machen. Bei „Zeitmaschinen" bildet sich nämlich immer ein sogenannter Chronologie-Horizont aus – eine Grenze, die Raumzeit-Regionen mit einem gewöhnlichen Ursache-Wirkung-Gefüge von solchen mit einem abnormalen trennt. Wenn es einen Zeitschutz der Natur gibt, müsste er hier wirksam werden.

„Es scheint, als gäbe es eine Behörde zum Schutz der Zeit-ordnung, die die Entstehung von geschlossenen zeitartigen Kurven verhindert und damit das Universum vor Histori-kern sicher macht."

Hawking hat diesen Horizont als einen Ort beschrieben, an dem Lichtteilchen in der Zeit kreisen können. Dabei würden sie immer mehr Energie gewinnen – und zwar unendlich viel quasi in Nullzeit.

Die Energiequelle müsste letztlich die Raumzeit selbst sein, die den Chronologie-Horizont ausmacht. Doch weil die von ihr gespeisten Photonen und das mit deren Energie verbundene Gravitationsfeld auf die Raumzeit zurückwirken, wird diese drastisch verändert, sodass sich die Zeitkreise auflösen. Zeitmaschinen würden sich demzufolge mit ihrer Inbetriebnahme selbst zerstören.

Unklar ist, ob Quanteneffekte diese Effekte forcieren oder aber unterdrücken. Dazu gibt es unterschiedliche Ansichten und eine lange Kontroverse unter den Wissenschaftlern, an der auch Hawking intensiv beteiligt ist. Fest steht bislang nur, dass die quantenphysikalische Rückwirkung als universeller Zeitschutz nicht ausreicht und dass ein allgemeiner Schutzmechanismus – wenn überhaupt – in einer künftigen „Weltformel" gefunden werden müsste. Immerhin zeigen die verwickelten Diskussionen, dass und wie das Thema Zeitreisen nicht länger nur spannende Fiction ist, sondern auch harte Science. Die großartigen Gedankenspiele in Literatur und Film bekommen in der Physik eine zweite Heimat.

Eine Frage der Zeit

Die Zahl der ernsthaften Forschungsarbeiten über Zeitreisen in der Physik geht in die Tausende. Es gibt allerdings nur wenige unversöhnliche Grundpositionen. Und es ist keineswegs zwingend, dass Zeitreisen auch notwendig Zeitparadoxien mit sich bringen. So könnte es zwar Zeitschleifen geben – aber nur solche, die „selbstkonsistente" Entwicklungen erlauben, das heißt keine Paradoxien. Dann könnte zum Beispiel der depressive Zeitreisende sich nicht selbst als Baby töten, sondern würde sich verfehlen oder verwechseln.

Oder die Zeitreisen führen in Wirklichkeit in Parallelwelten. Dies würde auch einen weiteren Einwand Hawkings zurückweisen:

„Wo bleiben denn die Touristen aus der Zukunft, wenn Zeitmaschinen möglich sind? Sie sollten uns doch längst besucht haben, um unser drolliges altmodisches Leben neugierig zu betrachten und unsere Streitigkeiten zu beenden."

Die Antwort lautet nicht, dass sie längst da sind, sich aber nicht zu erkennen geben, weil wir ihre unvorsichtigeren Pioniere in geschlossene psychiatrische Abteilungen sperrten, sondern: Die Zukunftsbewohner haben uns (noch) nicht besucht, doch vielleicht unsere Doppelgänger in einer Parallelwelt oder in einem anderen Strang der Zeit.

Das sind interessante Spekulationen. Im Augenblick ist die Frage nach der Möglichkeit von Zeitreisen und ihren Bedeutungen unbeantwortet. Wahrscheinlich muss auch hier die Entscheidung auf eine „Weltformel" vertagt werden. Da diese aber Zukunftsmusik ist, analysieren Physiker einfachere, weniger exotische Szenarien. So hat Haw-king zusammen mit seinem Studenten Michael Cassidy 1998 eine Studie zum Zeitschutz in der Quantenphysik veröffentlicht: In einigen Fällen glückte der Nachweis, dass Zeitschleifen sich gar nicht erst bilden können. Die entscheidende Frage ist, ob dieses Ergebnis generell gilt.

Bisher ist das letzte Wort zu diesem schwierigen Themenkomplex nicht gesprochen. Die Näherungsrechnungen sind zu grob, und genauere Theorien existieren noch nicht. Die Vermutung zum Schutz der Zeitordnung ist nicht vollständig, und Hawking musste Details revidieren.

„So bleibt die Frage von Zeitreisen offen. Ich werde darauf jedoch keine Wette abschließen. Der andere könnte ja den unfairen Vorteil haben, die Zukunft zu kennen. Immerhin gibt es ein starkes empirisches Indiz für die Richtigkeit der Zeitschutz-Vermutung – wir erleben keine Invasion von Touristen-Horden aus der Zukunft."

Hawking-Quiz

1. **Warum schätzt Hawking die Science Fiction?**
   - ☐ a. Weil sie die Naturgesetze nicht ernst nimmt
   - ☐ b. Weil sie die menschliche Vorstellungskraft erweitert
   - ☐ c. Er mag sie nicht, sondern hält sie für kindisch

2. **Was war Hawkings größter (wissenschaftlicher) Fehler?**
   - ☐ a. Die Annahme, dass sich die Zeit umkehren kann
   - ☐ b. Die Einführung der Kosmologischen Konstanten
   - ☐ c. Die Hypothese, dass Schwarze Löcher verdampfen

3. **Wie entstehen Baby-Universen?**
   - ☐ a. Vielleicht aus Schwarzen Löchern oder Wurmlöchern
   - ☐ b. Immer, wenn ein Schwarzes Loch verdampft
   - ☐ c. Gar nicht, wenn die Zeitordnung geschützt ist

4. **Was ist ein Zeitparadoxon?**
   - ☐ a. Eine Wirkung, die ihre Ursache verhindert
   - ☐ b. Eine Ursache, die ihre Wirkung verhindert
   - ☐ c. Eine Wirkung, die ihre Ursache nicht erzeugt

5. **Was besagt Hawkings Vermutung zum Schutz der Zeitordnung?**
   - ☐ a. Zeitschleifen sind naturgesetzlich unmöglich
   - ☐ b. Zeitparadoxien sind lediglich in Spezialfällen erlaubt
   - ☐ c. Zeitreisen erfordern die Aufsicht eines Zeitpolizisten

Lösungen: 1b, 2a, 3a, 4a, 5a

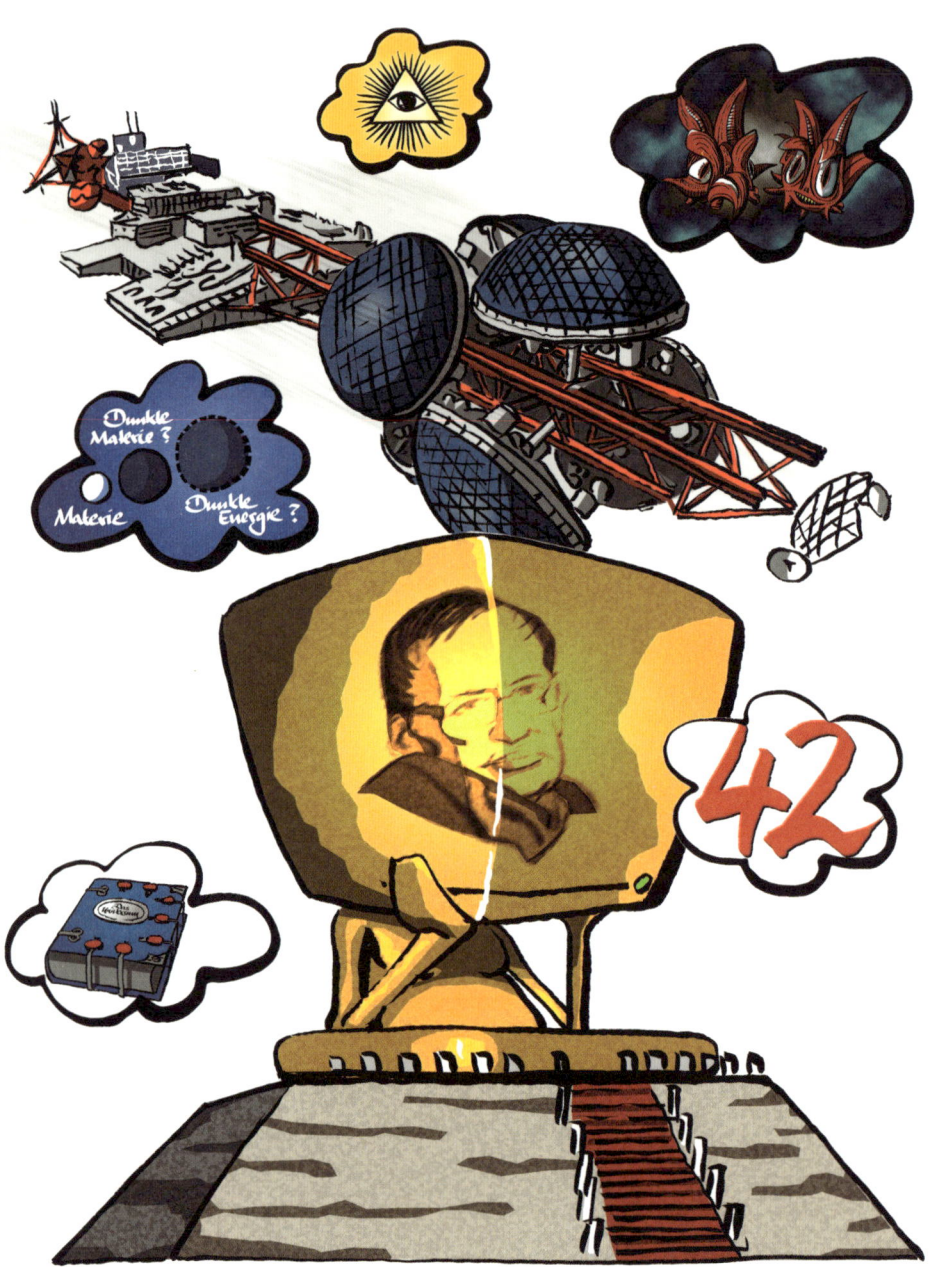

ALIENS, GOTT UND DIE WELT

 „Wir sind so unbedeutende Kreaturen auf einem kleinen Planeten eines sehr durchschnittlichen Sterns in den Außenbezirken von einer Galaxie unter 100 Milliarden anderen im beobachtbaren All. Daher ist es schwer, an einen Gott zu glauben, der sich um uns kümmert oder auch nur unsere Existenz bemerkt."

Es ist ein Menschheitstraum: einen Schlüssel zu finden, der den Zugang zu den letzten Geheimnissen des Universums eröffnet. Physiker sind da keine Ausnahme. Auch sie begehren danach, die Grenzen der Erkenntnis zu sprengen und die Fundamente des Wissens immer tiefer zu legen. Sie wollen verstehen, was die Welt im Innersten zusammenhält und wie das Allerkleinste mit dem Allergrößten aufs Engste verbunden ist. Sie suchen nach einer Superkraft, die den Urknall regiert hat und vielleicht erklären kann.

Stephen Hawking hat sogar einmal das Ende der Theoretischen Physik verkündet: Falls die „Weltformel" gefunden würde, gäbe es hier nicht mehr viel zu tun. Diese voreilige Ansicht nahm er jedoch zurück. Mit vielen seiner Kollegen denkt er weiter intensiv darüber nach, wie die nächste Revolution der Physik aussehen könnte. Verglichen damit sind andere Themen, über die er sich geäußert hat, fast schon Kleinigkeiten: die Zukunft der Menschheit, die Existenz außerirdischer Intelligenzen und die Frage nach Gott.

Aufbruch ins All

Die Zukunft der Menschheit auf der Erde sieht Hawking kritisch. Die Gefahr von Umweltzerstörung, Klimawandel, Kriegen sowie vielleicht auch der Künstlichen Intelligenz künftiger Computer und Roboter ist nicht zu unterschätzen. Vor allem das rasante Bevölkerungswachstum gleicht einer tickenden Zeitbombe. Es ist die Hauptursache des eskalierenden Energie- und Ressourcenverbrauchs. Bald wird der ausgebeutete Planet an seine Kapazitätsgrenzen stoßen. Das macht schon eine einfache Überschlagsrechnung anhand des gegenwärtigen Trends deutlich:

„Im Jahr 2600 würde die Weltbevölkerung Schulter an Schulter stehen und der Stromverbrauch die Erde zum Glühen bringen."

Umso wichtiger ist es Hawking zufolge, dass die Menschheit ihre halbherzigen Anstrengungen in der Raumfahrt drastisch verstärkt. Weltraumkolonien sowie Stationen auf Mond und Mars mögen nach Science Fiction klingen, sind aber auf lange Sicht Überlebensversicherungen. Allein auf der Erde zu bleiben, macht die Menschheit extrem verwundbar – nicht nur angesichts des eigenen Versagens (Umweltzerstörung, Dritter Weltkrieg), sondern auch im Hinblick auf drohende Katastrophen aus dem All, vor allem vernichtende Einschläge von Planetoiden oder Kometen.

Sehr langfristig bleibt der Menschheit sowieso nichts anderes übrig als auszuwandern, falls sie sich zuvor nicht selbst auslöscht. Denn die Sonne wird immer heißer. Deshalb können in einigen Hundert Jahrmillionen allenfalls noch Bakterien überleben; in ein bis zwei Milliarden Jahren werden sogar die Ozeane verdampft sein. In 7,6 Milliarden Jahren bläht sich die Sonne dann zum Roten Riesenstern auf und verschlingt die Erde erbarmungslos.

Keine guten Aussichten, wenn die Menschheit so weiter macht.

„Ich denke, dass die Zukunft der menschlichen Spezies langfristig im Weltraum liegt. Die Menschen werden lernen, im All zu leben und zu den Sternen aufbrechen."

2016 stellte Hawking das Programm „Breakthrough Starshot" vor, das – von Privatleuten und Stiftungen finanziert – Nanosonden (Starchips) mittels Laserstrahlen innerhalb von 20 Jahren zum Nachbarstern Alpha Centauri senden will. Und mit den Worten „Space, here I come!" hat Hawking am 26. April 2007 schon einmal symbolisch ein Zeichen für die bemannte private Raumfahrt gesetzt: Mit Parabelflügen, bei denen ein spezielles Flugzeug himmlische Auf-und-Ab-Kurven fliegt, sodass es sich jeweils zwei Dutzend Sekunden lang im freien Fall befindet und dadurch wie im Weltraum schwerelos ist, schwebte Hawking frei in der Kabine herum. Das war das erste Mal seit Jahrzehnten, dass er für ein paar

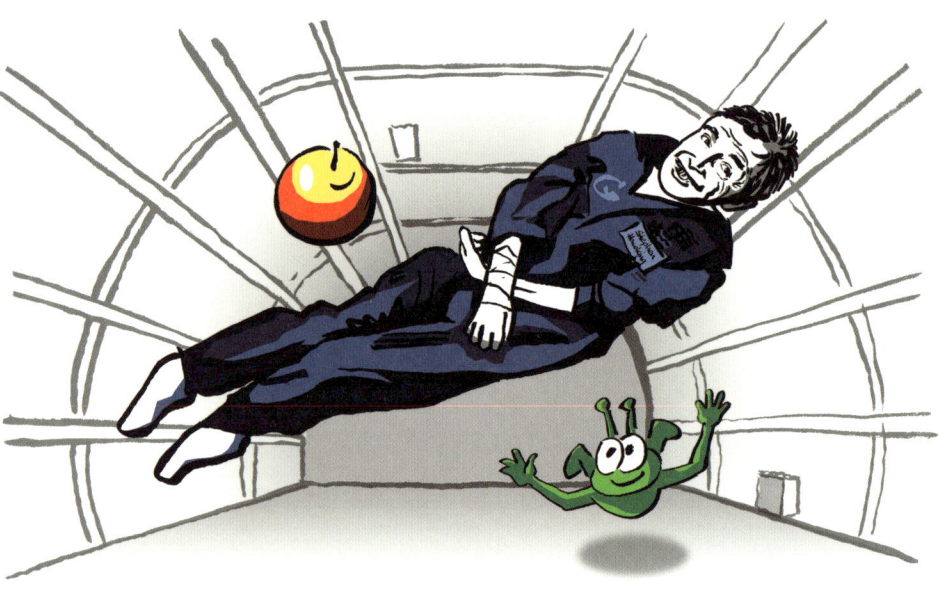

Völlig losgelöst – Hawking schwerelos bei einem Parabelflug.

Augenblicke nicht an seinen Rollstuhl und den Bann der Schwerkraft gefesselt war – eine sehr erträgliche Leichtigkeit des Seins.

Angst vor Außerirdischen

Da jeder Stern einmal ausbrennt, muss eine hochtechnisierte Zivilisation früher oder später entweder aussterben oder ihren Heimatplaneten verlassen und den Weltraum kolonisieren. Dann könnten sich Außerirdische in Generationenraumschiffen auch auf die Suche nach neuen Welten machen, obwohl die Entfernungen zwischen den Sternen riesig sind und die Reisen entsprechend lang dauern. Vielleicht haben Aliens bereits die Erde im Visier?

„Ich stelle mir vor, dass sie in riesigen Raumschiffen leben und alle Ressourcen von ihrem Heimatplanet verbraucht haben. Solche technisch fortgeschrittenen Aliens werden wahrscheinlich als Nomaden alle Planeten erobern und kolonisieren, die sie erreichen können."

Seit 1960 lauschen Astronomen nach Signalen von anderen Zivilisationen im All. Vor allem mit Radioteleskopen wurden zahlreiche Sterne ins Visier genommen – bislang ohne Ergebnis. Es ist unklar, ob es überhaupt außerirdische Intelligenzen in der Milchstraße gibt, und, falls ja, wo und wie viele. Die Entdeckung solcher fremder Kulturen wäre sicherlich einer der aufregendsten Momente in der Menschheitsgeschichte.

Stephen Hawking hält die Suche nach außerirdischen Botschaften und indirekten Indizien anderer Zivilisationen für wichtig. Er unterstützt daher auch eine 2015 für 100 Millionen Dollar gestartete „Breakthrough Listen"-Initiative, ein zehnjähriges SETI-Programm („Search for Extraterrestrial Intelligence"). Er warnt jedoch davor, selbst Nachrichten ins All hinaus zu senden. Das ist schon ein paar Mal absichtlich geschehen; und die Radio-, Funk- und Fernsehsignale sowie die noch viel stärkeren militärischen Radarstrahlen verbreiten sich ohnehin seit vielen Jahrzehnten mit Lichtgeschwindigkeit im Weltraum – sie haben bereits über 5000 benachbarte Sterne erreicht. Das macht nicht nur Hawking große Sorgen.

„Wir brauchen nur auf uns selbst zu schauen, um zu sehen, wie intelligentes Leben sich in etwas entwickelt, das wir nicht zu treffen wünschen. Wenn Aliens uns jemals einen Besuch abstatten, werden die Folgen ähnlich sein wie nach der Ankunft von Christoph Kolumbus in Amerika, was den Indianern nicht gut bekam. Die Außerirdischen werden sehr viel mächtiger sein als wir und messen uns vielleicht nicht mehr an Wert zu als wir den Bakterien."

Attacke aus dem All?
Hawking warnt vor Funk-
sprüchen zu den Sternen,
denn das könnte bösartige In-
vasoren anlocken.

Hawkings Warnung sollte nicht mit einer wissenschaftlichen Aussage verwechselt werden. Und sie ist auch nicht so gemeint. Aber sie
spricht einen wunden Punkt an bei der Suche nach Extraterrestri-
schen Intelligenzen. Diese sind nämlich nicht zwingend friedfertig,
altruistisch und weise – also alles, was Menschen zwar gern wären,
aber nicht sind. Vielmehr könnten in den unbekannten Tiefen des
Weltraums große Gefahren lauern.

Aufgrund des riesigen Aufwands interstellarer Flüge und der
mutmaßlichen Hochtechnologie der Außerirdischen ist es zwar extrem unwahrscheinlich, dass sie Sklaven brauchen oder Fleisch zur
Ernährung, zumal überlegene Intelligenzen sicherlich auf exzellente

Robot- und Biotechnik setzen können. Auch gibt es unzählige Planeten mit Rohstoffen in jeder Galaxie – vermutlich mehrere Millionen erdähnliche Trabanten allein in der Milchstraße. Ethisch hochstehende Zivilisationen müssten daher im Gegensatz zu Hawkings Befürchtung keine belebte Welt ausbeuten. Doch vielleicht wollen sie etwas ganz anderes: gläubige Seelen und blinde Verehrung. Möglicherweise sind die Aliens religiöse Fanatiker und erbarmungslose Missionare! Auch dann ist Hawkings Warnung berechtigt: Es wäre leichtsinnig, aktiv Botschaften ins All zu funken. Die Risiken sind viel größer als die positiven Chancen. Und selbst wenn die Aliens die Erde schon längst entdeckt hätten, könnten Kontaktversuche sie erst motivieren und anlocken. Umso wichtiger allerdings ist die Suche nach Zeichen außerirdischer Zivilisationen – nicht nur als Grundlagenforschung, sondern auch als kosmische Aufklärung. Andernfalls bleibt die Menschheit taub, blind und unwissend.

Die Suche nach der Weltformel

Zu einem großen Fortschritt in der Theoretischen Physik kommt es oft dann, wenn eine einheitliche Beschreibung für ganz unterschiedliche Phänomene gefunden wird. Das erschließt neue, grundlegende Naturgesetze oder verbindet getrennte Theorien und Modelle. Ein Beispiel ist Hawkings Beschreibung der Wärmestrahlung Schwarzer Löcher, weil sie zuvor unbekannte Zusammenhänge deutlich machte, die zwischen Relativitätstheorie, Quantenphysik und Thermodynamik bestehen.

Eine besonders eindrucksvolle Erfolgsgeschichte ist die Erforschung der fundamentalen Wechselwirkungen in der Natur. In der Antike galten die Bereiche im Himmel und auf Erden physikalisch als grundverschieden. Doch es ist dieselbe Kraft, die die Planeten um

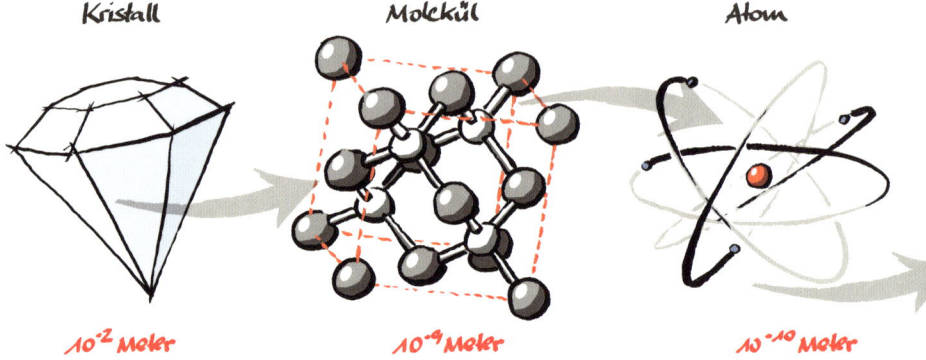

die Sonne kreisen und den Apfel nicht weit vom Stamm fallen lässt, wie Isaac Newton in den 1680er-Jahren mit seinem Gravitationsgesetz nachwies. James Clerk Maxwell fand in den 1860er-Jahren, dass elektrische und magnetische Erscheinungen zwei Seiten derselben Sache sind. Diese Elektromagnetische Kraft konnte dann in den 1960er-Jahren mit der neu entdeckten Schwachen Kernkraft vereinigt werden, die nur im Bereich der Atomkerne wirkt und beispielsweise bei bestimmten radioaktiven Zerfällen und der Kernfusion beteiligt ist. Die ebenfalls neu aufgespürte Starke Kernkraft, die die Atomkerne zusammenhält, steht noch isoliert. Es gibt allerdings verschiedene „Große Vereinheitlichte Theorien", die die Starke und Elektroschwache Kraft verbinden, doch bislang konnte keine durch Messungen erhärtet werden. Noch ferner ist das Ziel einer „Theorie von Allem" oder „Weltformel", die auch die Gravitation einschließt. Im Urknall sollte es nämlich nur eine einzige Superkraft gegeben haben, die sich ausdifferenzierte, als sich das Universum abkühlte.

Eine solche „Weltformel", das große Ziel der modernen Physik, wäre eine Theorie der Quantengravitation. Sie soll die Quantentheorie und die Allgemeine Relativitätstheorie (die Newtons Gravitati-

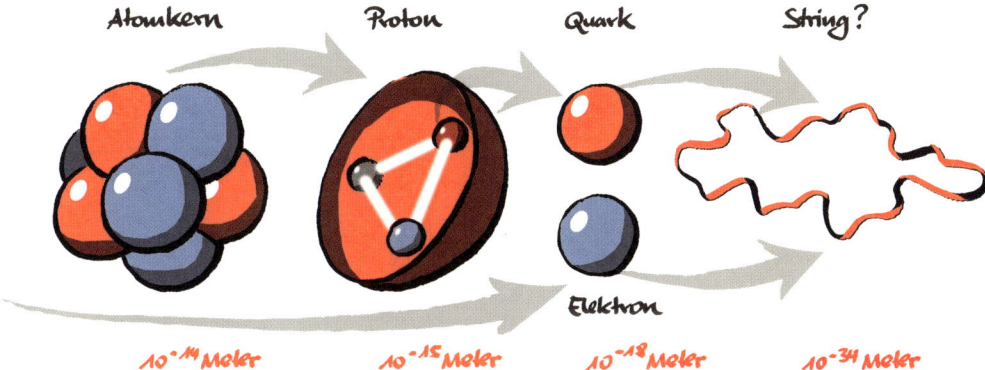

Zu den größten Erkenntnissen der Wissenschaft gehört die Einsicht in den Aufbau der Materie. Quarks und Elektronen gelten gegenwärtig als Elementarteilchen. Doch vielleicht gibt es noch kleinere Einheiten oder alles ist wie bei einer russischen Puppe ins unendlich Kleine ineinander verschachtelt. Gegen eine unaufhörliche Teilbarkeit spricht aber erstens, dass sich einzelne Quarks nicht isolieren lassen, weil die Energie, die nötig wäre, um sie auseinanderzureißen, so hoch ist, dass daraus nachweislich neue gebundene Quarks entstehen. Und den noch spekulativen Theorien der Quantengravitation zufolge sind zweitens sogar Raum und Zeit nicht kontinuierlich, sondern werden auf der Planck-Skala (10^{-35} Meter, 10^{-43} Sekunden) körnig oder schaumartig. Laut Stringtheorie bestehen alle Formen von Materie und Energie aus eindimensionalen Strings (oder mehrdimensionalen, unteilbaren Objekten namens Branen).

onstheorie als Grenzfall enthält) zu einer Supertheorie verbinden. Damit wären die Theorien vom Allerkleinsten und vom Allergrößten verschmolzen. (Was ja auch notwendig ist, weil im Urknall das Große klein war – das ganze heute beobachtbare Universum nämlich winziger als ein Atom.) Selbst der Unterschied zwischen Materie- und Kraftüberträger-Teilchen könnte hinfällig werden; sie wären „supersymmetrisch", wie Physiker sagen.

„In der Theoretischen Physik war für den Fortschritt die Suche nach logischer Stimmigkeit immer wichtiger als Experimentalergebnisse. Zwar sind schon elegante und schöne Theorien aufgegeben worden, weil sie nicht mit den Beobachtungsdaten übereinstimmten, aber ich kenne keine wichtige Theorie, die ihre Entwicklung allein Experimentaldaten zu verdanken hätte. Immer kommt zunächst die Theorie, die dem Wunsch entspricht, über ein elegantes und in sich schlüssiges mathematisches Modell zu verfügen."

Nachdem Hawking ab den 1970er-Jahren maßgeblich zur sogenannten Euklidischen Quantengravitation beigetragen hatte, die zwar nur näherungsweise gelten kann, aber schon heute konkrete Berechnungen insbesondere in der Kosmologie erlaubt, wurde er in den 1990er-Jahren zu einem Anhänger der Stringtheorie – beziehungsweise der verschiedenen Versionen davon, die alle Bestandteile einer noch umfassenderen Theorie zu sein scheinen, der M-Theorie. (Das „M" steht wahlweise für „Membranen", „Master", „Matrix", „majestätisch", „Mysterium", „Magie" und für Kritiker sogar für „Murks").

Der Stringtheorie zufolge sind nicht punktförmige Elementarteilchen die grundlegenden Bausteine der Natur, sondern winzige eindimensionale Saiten. Die bekannten Elementarteilchen wären demnach einfach Schwingungen solcher Strings – die Materie wäre eine Melodie. Allerdings erfordert die Stringtheorie eine extravagante Annahme, ohne die sie sich nicht widerspruchsfrei formulieren lässt: die Existenz von sechs oder sieben unbekannten zusätzlichen winzigen Raumdimensionen.

Wie groß Hawkings Erwartungen an die String/M-Theorie sind, verdeutlicht vielleicht am besten die folgende Episode: Als der Autor sich im Gespräch bei Hawking erkundigte, welche allgemeine Frage er einer allwissenden und auskunftswilligen Fee stellen würde, zögerte Hawking nicht lange und sagte mit seiner Computerstimme:

Eine höherdimensionale Physik ist ein wissenschaftliches Bravourstück. Sie sprengt die Vorstellungskraft, denn die zusätzlichen Dimensionen sind nicht wahrnehmbar oder zu beschreiten. Doch könnten sie physikalische Effekte haben. Hier eine Anschauungshilfe: In der vertrauten Welt kann sich ein Seiltänzer nur „eindimensional" entlang des Seils bewegen. Winzige „aufgerollte" Extradimensionen sind für ihn unzugänglich. Möglicherweise ist das für manche Teilchen oder Strings aber anders – vergleichbar mit einer Ameise, die um das Seil krabbelt.

„Ist die M-Theorie vollständig?"

Noch Raum für einen Schöpfer?

Bereits in seinem Bestseller *Eine kurze Geschichte der Zeit* fragte Hawking rhetorisch, wo denn noch Platz für Gott wäre, wenn die Welt physikalisch weitgehend verstanden sei. Zwar endete das Buch beinahe mystifizierend – und publikumswirksam: Eine vollständige Erklärung des Universums wäre „der endgültige Triumph der menschlichen Vernunft", „denn dann würden wir Gottes Plan kennen" (oder Gottes „Geist", im Englischen steht hier nämlich „mind"). Doch damit wollte Hawking keineswegs eine religiöse Lanze brechen. Tatsächlich hat er immer wieder deutlich gemacht, dass er bei solchen Metaphern mit „Gott" nur die unpersönlichen Naturgesetze meint – genau wie schon Einstein in mehreren, häufig falsch interpretierten Aussagen.

„Ich verwende das Wort ‚Gott' in einem unpersönlichen Sinn, so wie es Einstein für die Naturgesetze tat. Den Geist Gottes zu kennen heißt also, die Naturgesetze zu kennen."

Gleichwohl gilt die scheinbare Ordnung der Welt vielen Gläubigen als Hinweis auf einen universalen Gesetzgeber. Sie wollen nicht hinnehmen, dass das Universum eine seltsame Frucht aus Zufall und Notwendigkeit ist, ohne Zweck und Ziel. Aber die Naturgesetze können ganz natürlich erklärt werden (wofür auch Hawkings Forschungen sprechen).

„Wenn ich Recht habe, ist das Universum in sich selbst gegründet und wird von den Naturgesetzen allein regiert."

„Wenn das Universum wirklich völlig in sich selbst abge-schlossen ist, wenn es wirklich keine Grenze und keinen Rand hat, dann hätte es auch weder einen Anfang noch ein Ende: Es würde einfach *sein*. Wo wäre dann noch Raum für einen Schöpfer?"

Diese Frage sorgte für viele Diskussionen. Gott ist im Verständnis der meisten Gläubigen allerdings nicht auf einen „Designer" reduzierbar, der die Naturgesetze erlässt, die physikalischen Konstanten einstellt oder den Urknall zündet. Gott gilt gemeinhin nicht nur als Erschaffer der Welt, sondern er erhält sie auch und vernichtet sie wieder, diktiert Wertordnungen, erhört Gebete und greift in den Weltlauf ein. Ein solcher Glaube – oder frommer Wunsch – kann mangels Überprüfbarkeit physikalisch nicht widerlegt, aber sehr wohl philosophisch kritisiert werden. Und genau das tut Hawking, indem er argumentiert, dass Gott in der modernen Kosmologie nicht mehr denknotwendig ist. Der Glaube lässt sich allenfalls als eine skurrile Privatsache tolerieren, die Hawking selbst jedoch nicht ernst nimmt.

„Es ist gut möglich, dass Gott auf eine Weise handelt, die nicht mit wissenschaftlichen Gesetzen beschrieben werden kann. Aber in diesem Fall bleibt nur persönlicher Glaube übrig."

„Es gibt einen grundlegenden Unterschied zwischen Religion, die auf Autoritätsgläubigkeit beruht, und Wissenschaft, die auf Beobachtungen und Vernunft basiert. Wissenschaft wird gewinnen, weil sie funktioniert."

„Ich habe mit der Erwartung eines baldigen Todes gelebt. Ich habe keine Angst vor dem Tod, aber ich habe es nicht eilig zu sterben. Ich möchte noch so vieles vorher tun. Ich halte das Gehirn für eine Art Computer, der aufhört zu arbeiten, wenn seine Bestandteile versagen. Es gibt keinen Himmel oder ein Leben nach dem Tod für defekte Computer; das ist ein Märchen für Leute, die Angst vor dem Dunkeln haben."

Andere Universen und das Ende der Physik?

Die antiquierte Annahme eines Schöpfers, der das Universum erschaffen und eingerichtet hat, ist in der modernen Kosmologie überflüssig und auch sonst eher schädlich. Doch die Fragen hören nicht auf. So bleibt rätselhaft, warum es die Naturgesetze überhaupt gibt und weshalb sie so sind, wie sie sind. Wenn sie mit dem Urknall begannen, so verschieben sich die Probleme: Wie kam es zum Urknall, und warum brachte er genau dieses Universum hervor? Wieso ist etwas und nicht vielmehr nichts? Hätte die „Frucht aus Zufall und Notwendigkeit" (wie es der griechische Philosoph Demokrit ausdrückte) nicht völlig andere Blüten treiben können?

Um diese Fragen zu beantworten, spekulieren Hawking und einige seiner Kollegen über eine radikale Erweiterung des Weltbilds:

„Eine Vielzahl von Universen wurden aus dem Nichts geschaffen. Ihre Schöpfung ist nicht auf die Intervention eines übernatürlichen Wesens oder Gottes angewiesen. Vielmehr ist diese Vielfalt von Universen eine natürliche Folge der physikalischen Gesetze, eine naturwissenschaftliche Vorhersage."

Demnach wären der Urknall und unser Universum nicht einzigartig und nichts Besonderes, sondern Teil eines riesigen Multiversums: einer gigantischen Ansammlung von Universen mit ganz unterschiedlichen Eigenschaften. In den meisten dieser mehr oder weniger getrennten Welträume könnten also andere Naturgesetze und -konstanten herrschen. Vielleicht haben sie sogar eine andere Zahl an Raum- oder Zeitdimensionen. Viele Universen brächten kein Leben hervor, weil sie beispielsweise keine Materie oder Sterne beherbergen. Auch mehr oder weniger große Dimensionen wären ungünstig. Eine zweite Zeitdimension würde das Gefüge von Ursache und Wirkung durcheinander bringen; bei zusätzlichen Raumdimensionen gäbe es vielleicht keine stabilen Atome und Planetenbahnen; bei nur zwei Raumdimensionen hingegen könnten sich keine komplexen zusammenhängenden Strukturen entwickeln.

Eine Weltformel oder Theorie von Allem würde wohl erklären, wie es zum Urknall kam, was im Inneren der Schwarzen Löcher vor sich geht, wie die Kräfte, Energie und Materie eine Einheit bilden, ob Zeitreisen, Wurmlöcher und Paralleluniversen möglich sind – kurzum: was die Welt eigentlich ist und im Innersten zusammen hält. Auch

Ein zweidimensionaler Hund hätte ein Problem: Er würde leicht auseinander fallen.

wäre dann das Geheimnis der ominösen Dunkle Materie und Dunklen Energie gelüftet, die zusammen rund 95 Prozent der Energiedichte unseres Weltalls ausmachen (die gewöhnliche Materie liefert nur fünf Prozent). Ob die String- beziehungsweise M-Theorie das alles wird leisten können, ist sehr fraglich. Doch irgendeine Theorie der Quantengravitation wäre ein kaum zu überschätzender Erkenntnisgewinn.

Über eine solche Weltformel und ihre Bedeutung hat Hawking als neu ernannter Professor in Cambridge schon am 29. April 1980 in seiner Antrittsvorlesung spekuliert. Ihr Titel lautete: *Ist das Ende der Theoretischen Physik in Sicht?* Hawking begann mit der Aussicht,

„... dass das Ziel der Theoretischen Physik in nicht allzu ferner Zukunft, sagen wir am Ende unseres Jahrhunderts, erreicht sein wird. Ich meine damit, dass wir unter Umständen über eine vollständige, schlüssige und vereinheitlichte Theorie der physikalischen Wechselwirkungen verfügen könnten, die alle überhaupt möglichen Beobachtungen beschreibt.“

Dieser Optimismus war übereilt. Bis heute ist unklar, ob eine Theorie existiert und gefunden werden kann, die alle bekannten und auch noch unbekannte Naturgesetze als die einzige mögliche Konsequenz einiger einfacher Annahmen erklärt. Doch Hawking gibt sich nicht geschlagen. Auf einer Pressekonferenz in München 2001 sagte er:

„Ursprünglich glaubte ich, wir würden die ‚Theorie für alles‘ bis zum Ende des 20. Jahrhunderts finden. Trotz großer Fortschritte scheint das Ziel immer noch genauso weit entfernt. Ich musste meine Erwartungen korrigieren, denke aber immer noch, dass wir es bis zum Ende des Jahrhunderts schaffen, und vielleicht schon sehr bald. Da bin ich Optimist. Nur meine ich jetzt das 21. Jahrhundert.“

Vom Autor gefragt, ob eine Weltformel und die daraus ableitbaren Naturgesetze lediglich menschliche Schöpfungen seien oder ob sie unabhängig von uns existieren (wie die von Platon behauptete Welt der Ideen), antwortete Hawking:

Ich bin Anhänger einer positivistischen Philosophie: Physikalische Theorien sind nur mathematische Modelle, die wir konstruieren. Wir können nicht fragen, was die Wirklichkeit ist, denn wir haben keine modellunabhängigen Überprüfungen von dem, was real ist. Ich stimme nicht mit Platon überein.

Selbst mit einer Weltformel wären die Fragen nicht zu Ende. Wenn das Universum (oder Multiversum) aus dem „Nichts" entstand, wie Hawking sagt, ist nicht das radikale Nichts der Metaphysiker und Theologen gemeint (und letztere nehmen ja doch „etwas" an: Gott), sondern das Quantenvakuum, dessen Existenz und „Schaffenskraft" keineswegs selbstverständlich sind. Außerdem bliebe rätselhaft, woher denn die Naturgesetze kommen und warum eine Weltformel so wäre, wie sie ist. Auch sie könnte, falls sie einmal gefunden würde, keine letztgültigen, unhinterfragbaren Antworten liefern. Hawking kehrt diese Schwierigkeiten nicht unter den Teppich seiner wissenschaftlichen Zuversicht, sondern hat sie eigens betont:

„Selbst wenn es nur einen einzigen Kodex möglicher Gesetze gibt, so ist es doch nur ein Kodex von Gleichungen. Was haucht ihnen Leben ein und liefert ihnen ein Universum, dessen Abläufe sie bestimmen können? Ist die endgültige vereinheitlichte Theorie so zwingend, dass sie sich selbst in die Existenz ruft? Auch wenn die Wissenschaft möglicherweise das Problem zu lösen vermag, wie das Universum begonnen hat, nicht beantworten kann sie die Frage: Warum macht sich das Universum die Mühe zu existieren?"

Hawking-Quiz

1. Warum plädiert Hawking für die Raumfahrt?

- [ ] a. Weil sie die Technik voranbringt
- [ ] b. Weil sie eine Nation groß macht
- [ ] c. Weil die Menschheit sonst nicht überleben kann

2. Warum warnt Hawking vor Botschaften an Außerirdische?

- [ ] a. Um sie nicht anzulocken, das bedroht die Menschheit
- [ ] b. Es ist unhöflich, wenn primitive Erdlinge sie belästigen
- [ ] c. Ein Glaube an Außerirdische ist lächerlich oder versponnen

3. Warum ist eine Theorie der Quantengravitation nötig?

- [ ] a. Die Schwerkraft kann nicht anders beschrieben werden
- [ ] b. Quantenphysik und Relativitätstheorie widersprechen sich
- [ ] c. Hawking bekommt sonst keinen Physik-Nobelpreis

4. Was ist Hawkings Favorit für eine „Theorie von Allem"?

- [ ] a. Schleifen-Quantengravitation
- [ ] b. String/M-Theorie
- [ ] c. Hyperuniverselle [42] Allestotalgenaubeantwortungsformel

5. Was glaubt Hawking?

- [ ] a. Dass ein allgütiger Gott das Universum erschuf
- [ ] b. Dass es ein paradiesisches Leben nach dem Tod gibt
- [ ] c. Dass der Mensch die Naturgesetze verstehen kann

Lösungen: 1c, 2a, 3b, 4b, 5c

Mehr über Hawkings Universum

Populärwissenschaftliche Bücher von Stephen Hawking

› Eine kurze Geschichte der Zeit. 1988
› Einsteins Traum. 1993
› Die illustrierte kurze Geschichte der Zeit. 1997
› Das Universum in der Nussschale. 2001
› Die kürzeste Geschichte der Zeit. 2006 (mit Leonard Mlodinow)
› Der große Entwurf. 2010 (mit Leonard Mlodinow)
› Meine kurze Geschichte. 2013

Filme

› Eine kurze Geschichte der Zeit. 1991 (von Errol Morris)
› Hawking. 2004 (von Philip Martin)
› Die Geheimnisse des Universums. 2010
› Hawking. 2013 (von Stephen Finnigan)
› Die Entdeckung der Unendlichkeit. 2014 (von James Marsh)

Internet

› Homepage von Stephen Hawking: hawking.org.uk
› Lucasischer Lehrstuhl für Mathematik: www.lucasianchair.org
› Department of Applied Mathematics and Theoretical Physics: www.damtp.cam.ac.uk
› Centre for Theoretical Cosmology: www.ctc.cam.ac.uk

Bücher über Hawkings Leben, Werk und Themen von Rüdiger Vaas

› Hawkings neues Universum. 2010, 5. Aufl.
› Hawkings Kosmos einfach erklärt. 2011, 2. Aufl.
› Vom Gottesteilchen zur Weltformel. 2014, 2. Aufl.
› Tunnel durch Raum und Zeit. 2015, 7. Aufl.
› Jenseits von Einsteins Universum. 2016, 3. Aufl.

Register

Bildnachweis

Alle 63 Zeichnungen stammen von Gunther Schulz, teils nach Ideen von Rüdiger Vaas sowie der Vorlage folgender Publikationen: S. 10, 17, 29, 31, 33, 37, 40, 43, 46, 48, 49, 78, 81, 98, 99 nach Vaas: Hawkings Kosmos einfach erklärt; S. 116f. nach Vaas: Vom Gottesteilchen zur Weltformel; S. 55, 60 nach Vaas: bild der wissenschaft 2/1998, S. 73, 77; S. 119 nach Vaas: bild der wissenschaft 5/2013, S. 48; Mikrowellenaufnahme S. 36: ESA/Planck-Kollaboration 2013; Messkurve S. 63: LIGO/Phys. Rev. Lett. 2016; Inspirationen: S. 28, 31, 112, 122: Stephen Hawking; S. 74: Michelangelo Buonarroti; S. 75: Wiener Zentralfriedhof; S. 86: George Pal: Die Zeitmaschine; S. 93: Roger Penrose; S. 95: Star Trek: The Next Generation; S. 103: Leonardo da Vinci; S. 108: Douglas Trumbull: Silent Running und Douglas Adams: The Hitchhiker's Guide to the Galaxy; S. 111: Richard Fleischer: Soylent Green.

Impressum

Umschlaggestaltung von Büro Jorge Schmidt unter Verwendung von vier Illustrationen von Gunther Schulz, Fußgönheim.

Mit 63 Farbzeichnungen.

Unser gesamtes Programm finden Sie unter **kosmos.de**.
Über Neuigkeiten informieren Sie regelmäßig unsere
Newsletter, einfach anmelden unter **kosmos.de/newsletter**.

MIX
Papier aus verantwor-
tungsvollen Quellen
FSC
www.fsc.org   FSC® C014496

Gedruckt auf chlorfrei gebleichtem Papier

© 2016, Franckh-Kosmos Verlags-GmbH & Co. KG, Stuttgart
Alle Rechte vorbehalten
ISBN 978-3-440-15624-7
Redaktion: Sven Melchert, Susanne Richter
Gestaltung und Satz: Martina Heitzmann-Schulz, Fußgönheim
Produktion: Ralf Paucke
Druck und Bindung: Westermann Druck Zwickau GmbH, Zwickau
Printed in Germany / Imprimé en Allemagne